科幻電影的預言與真實

人類命運的科學想像、思辯與對話

SCIENCE(ISH)

THE PECULIAR SCIENCE BEHIND THE MOVIES

瑞克·艾德華斯 Rick Edwards

邁可·布魯克斯 Michael Brook 著

鍾沛君 譯

方言文化

Contents

前言
電影背後的科學

　　虛構的作品可以傳達很多尖銳的事實。記得伊索嗎？那個講故事的希臘老傢伙？他的寓言在好幾千年前就廣受好評，像是提亞納的阿波羅尼奧斯＊就說：「伊索利用大家都知道並非真實的故事，說出真相。」

　　伊索的暢銷作品包括〈狼來了〉、〈狐狸與葡萄〉、〈獅子與老鼠〉等等，這些故事都有某種教訓，讓我們反思自己的行為；但我們不會特別留意到這一點，因為故事夠有趣，我們讀起來覺得開心。換句話說，伊索知道如何一面娛樂讀者，一面使讀者成為更聰明、更好的人。

　　科學搬上大銀幕時也是一樣的情況。現代的電影工作者都相當熱愛科學，他們不一定會照本宣科，但是他們都肯定科學對人類的價值。這類電影永遠不會有消失的一天，它們呈現出：科學是我們存在的核心、我們所作所為的根本、我們未來的方向，還告訴我們科學可能帶來的後果——好壞皆有。這些電影也許是有憑有據的推測，且往往非常有憑有據。

　　更重要的是，電影啟發我們提出一些意義深遠的問題：我們是否需要一個單位負責使小行星轉向？我們有沒有可能面臨全球性的傳染病大流行？我們是否能分析人的思想模式，或是人們在網路上

＊譯註：提亞納（Tyana）是地名，阿波羅尼奧斯（Apollonius）是新畢達哥拉斯學派的希臘哲學家。

分享的資料,藉此預防犯罪?應不應該養小精靈*當寵物?

你大概認得出來上述是哪些電影的情節。但是,必須知道的一點是:好萊塢並不是憑空捏造劇情的。** 這些故事都是根據現實中科學家的研究而發展出來的。

美國劇作家威廉・高德曼(William Goldman)說過一句很有名的話:「好萊塢的人都沒腦袋。」但他錯了。很多好萊塢導演、製作人、劇作家都很關注科學。他們是聰明、有創意的一群人,他們看到科學領域的發展,然後把這些成果放到鎂光燈下。因此,討論電影背後的那些科學,其實是開啟重要對話的好方法。

在本書中,你將看到各式各樣尚未找到解答的謎題:基因改造、移民到其他星球的好處、半人半獸的創造、環繞在人工智慧周圍的希望與恐懼、去滅絕(de-extinction)的倫理學……,有很多值得思考的題材。

此外,本書也有一些雖然討論得沸沸揚揚,但應該不會影響人類未來的東西。請準備好面對各種似非而是的論點:時光旅行的可能性、難以理解的黑洞特質,以及我們是不是真的住在像《駭客任務》那樣的虛擬世界裡。

我們喜歡在我們的免費串流電臺播客(podcast)中鑽研這些問題,現在我們希望透過本書,你也一樣能在探索這些現代寓言的過程中找到樂趣。伊索是不錯啦,但我們覺得好萊塢更厲害一些。

---

* 譯註:1984 年美國電影《小精靈》(Gremlins)中的主角,外型可愛,但不能見亮光、不能碰水、不能半夜之後餵食,因飼主違背規定,於是變形成怪物。
** 小精靈的部分除外。

絕地救援
THE MARTIAN

我們怎麼到達那顆紅色星球？

去火星度假有益健康嗎？

我們真的能在火星上過日子嗎？

我愛《絕地救援》（小說譯名為《火星任務》）。這部片是人類對上荒野；生物學家馬克·華特尼（Mark Watney）對上他的宇宙命運；麥特·戴蒙（Matt Damon）對上雷利·史考特（Ridley Scott），使他坐困愁城，求助無門。片中塞滿了人類如何在火星表面生存的科學，塵埃滿天的紅土是什麼成分，我們可能可以種植什麼……

也許不需要真正的植物學家就可以了。種植物又不像造火箭那麼難，對吧？

真的嗎？你以為量子物理學家會比較厲害嗎？

這個嘛，植物就是靠量子力學促進光合作用的，其機制以疊加態透過葉片轉換能量……

你對量子的狂熱太讓人尷尬了。我唯一會帶量子物理學家去火星的原因，是幫助大家在前往火星的旅途中能快快睡著。然後還能當作蛋白質來源。

小鬼當家

　　這部雷利·史考特的電影，改編自一本出色又經過瘋狂研究後完成的書（沒錯，就像你手上這本），作者是安迪·威爾（Andrew Weir）。2035 年，太空人在火星地表慢條斯理工作的時候，一場風

暴來襲，可憐的老麥特‧戴蒙被斷掉的天線砸到，天線刺穿他的太空衣，破壞了傳送他生理狀態的設備。他的朋友以為他沒救了，所以就丟下他一個人等死，自己趕在風暴吹翻太空船前，一溜煙地離開火星、往地球飛回去。

然而，這部片的主角是麥特‧戴蒙，所以毫不意外地，麥特‧戴蒙恢復了意識，發現只剩下自己孤身一人，以及僅存的一點點食物。他很快就察覺到，自己陷入得「土法煉鋼，就算吃屎也要活下去」的情況。

這是件很困難的事。看這部電影的時候，你會覺得麥特‧戴蒙完全不受老天眷顧。火星上的沙塵暴猛烈得仿若世界末日的災難，什麼東西都長不出來，剩下的一點點水彌足珍貴，而且幾乎沒有大氣層，溫度通常白天冷、晚上凍得刺骨，有些地方甚至還會低到攝氏負 125 度。此外，這個地方連名字都不是好惹的：這顆距離太陽第四近的類地行星，因為顏色使羅馬人聯想到血，於是他們便以戰神瑪爾斯（Mars）之名為它命名。

我們對於火星的執著近於荒謬。這顆紅色行星一直是人類迷戀的對象，在太空時代更達到高峰。畢竟它沒有遠到遙不可及，而且雖然現在看來和地球完全不同，但其實兩者曾一度相似。火星過去也有大氣層和水，而且至少有一些你能踏上的土壤。如果我們去的是木星，那裡除了氣體之外什麼也沒有，不是建立殖民地的好地方。當然火星也不是。不過老實說，雖然火星並非什麼露營地，但至少是個好的起點。

所以第一個會浮現的問題很明顯：要實現《絕地救援》的火星任務，就得先把人送上火星。**我們要怎麼做到這件事？**

美妙的旅程

我剛剛在看維基百科解釋移民火星的「火星一號」（Mars One）計畫頁面，超好笑的。「這個計畫的時程、技術與財務可行性，以及倫理問題，都遭到科學家、工程師，以及航太產業相關人士的批評。」

現在還要被我們的書拿來消遣。有多少人申請參加？

真的很不可思議，有超過四千人付錢申請，想在火星度假村裡占個位置。

他們花的錢真的會有得到回報的一天嗎？

（恕刪，以免被告。）

　　首先你得先劃位。口袋很深的伊隆・馬斯克（Elon Musk）創辦了太空 X 公司（SpaceX），你只要付大約二十萬美元，就能買到一張飛往火星的單程票 —— 在他總有一天準備好發射太空船時使用。你還需要「冒險精神」以及「赴死的準備」。嗯，至少他滿誠實的。

　　美國太空總署（National Aeronautics and Space Administration，NASA）目前尚未開放大眾申請他們總有一天會把人送上火星的計畫，但這是最近的消息，萬一他們沒有找到預想的人選，打算重新

火星的詛咒

《絕地救援》裡的麥特‧戴蒙被留下來等死，是因為他的同伴擔心下一場沙塵暴會吹翻他們的太空船，使他們困在這顆紅色星球。很多人都嘲笑這個設定，因為火星的大氣層其實只有地球大氣層密度的百分之一，根本什麼都吹不動。不過，這種情況過去確實曾經發生 —— 或至少我們這麼認為。

俄國的火星三號登陸艇（Mars 3）在1971年登陸火星表面，並發送訊號回地球，但訊號在二十秒後就被切斷了。專家認為是強烈沙塵暴造成登陸艇翻覆，使它的任務戛然而止。

不論原因為何，這只是目前二十七次失敗的火星任務其中之一而已。問題經常都歸咎於人為疏失、能力不足，或是經驗不夠。最早是NASA在1964年的水手三號（Mariner 3）任務，當時探測器的太陽能板失靈，無法展開。而在電池不能充電的情況下，探測器很快就沒用了。隔年，俄國的探測器二號（Zond 2）因為太陽能板出問題，只能了無生趣地漂流到太空深處。還有，由落腮鬍茂盛的科林‧皮林格（Colin Pillinger）領導的歐洲太空總署（European Space Agency，ESA）小獵犬二號（Beagle 2）任務，在完整無缺降落火星後，就再也沒有傳送資訊回地球。火星氣候軌道探測器（Mars Climate Orbiter）上的工程師，也曾經把英制單位和公制單位弄混*。真是糟糕。

不過我們現在對火星任務已經比較在行了。大部分的失敗都是上個世紀的事；過去十多年裡，已經有相當多成功的軌道衛星與登陸計畫。儘管如此，2016年10月，ESA還是失去了斯基亞帕雷利登陸器（Schiaparelli lander）。看來詛咒還是有點力量的。

---

* 譯註：火星氣候軌道探測器在接近火星時失去連絡，推斷是因為探測器太接近火星的大氣層而燒燬。事後調查發現，原因可能是一組工程人員在測量距離時使用英制單位，但另一組工程人員則採用公制單位，造成距離計算錯誤，導致探測器於火星大氣層燒燬。

敞開機會大門時，那麼有些事你必須先知道。

在 2016 年 2 月結束的那一回合招募中，NASA 提供的薪資是六萬六千零二十六美元到十四萬四千五百六十六美元。不論如何，你都需要一個科學學位，加上三年以上的專業經驗，或是在噴射機擔任機長一千個小時的經驗。更高的學位更好。此外，你還必須是美國公民。而且，你相信嗎，「可能必須經常旅行」。

「火星一號」是第三個選項。這個計畫目前也已經停止申請，不過他們建議你經常查詢，看有沒有名額開放。他們的太空人必須「聰明、有創意、心理健全、生理健康」，而且沒有感情牽絆。想必應該也不能有要在地球上長期付出金錢的承諾：因為這是無給職。此外，最終的選擇會由電視節目公開投票決定，所以你最好交友廣闊。或者呢，既然這是單程票，樹敵不少可能也有幫助。

假設有了位置，你也要知道，前往火星可是很漫長的旅程。就算是火星最接近地球的時候，也就是它最接近太陽、地球最遠離太陽的時候，兩者間的距離都還有三千三百九十萬英里（約五千四百五十萬公里），坐到你屁股都裂了吧。而且至少就我們所知，這樣的相對位置至今從未出現過。如果地球和火星同時在軌道上運行到那樣的位置，將會是很驚人的巧合，可以說完全不值得等待。兩顆行星在繞著太陽運行的過程中，曾在 2003 年達到兩者最接近的位置，相隔距離三千四百八十萬英里（約五千六百萬公里）。平均而言，地球和火星的距離是一億四千萬英里，約兩億兩千五百三十萬公里。但確實有最佳啟程時機。

整體來說，前往火星是一趟痛苦的旅程。以發射速度而言，新視野號（New Horizons）是目前人類建造的太空船中速度最快的。

圖1-1 未來火星任務的理想登陸日期

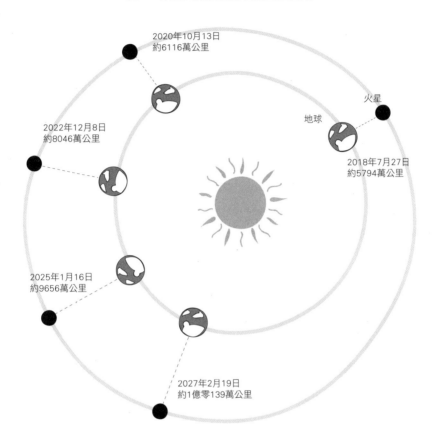

2020年10月13日
約6116萬公里

火星

地球

2022年12月8日
約8046萬公里

2018年7月27日
約5794萬公里

2025年1月16日
約9656萬公里

2027年2月19日
約1億零139萬公里

它一開始是前往探索冥王星，但現在冥王星已經只能目送它的車尾燈了。新視野號衝進太陽系的速度是每小時三萬六千英里（約時速五萬八千公里），快得讓人屁滾尿流。儘管如此，它還是需要兩個月的時間才能抵達火星。實際的飛行時間，會根據你朝著這個移動中的目標發射太空船的時機而定。如同我們在《絕地救援》裡看到

射彈弓和其他厲害的太空旅行把戲

如果你想控制太空船的方向、加速（或減速），但又不想浪費燃料，那你就需要「射彈弓」。這項技術最早在1959年由俄國太空船使用，利用的是行星或月球的重力場，也是《絕地救援》劇情的關鍵。它其實很複雜，不過基本上是：如果你想要加速，你就要接近星體，飛行方向與星體運行方向一致，從星體的重力拉力獲得能量；和星體運行方向反向飛行，就會有像踩煞車的效果。你還必須知道適合重力場的正確接近角度，才能讓你在接近星體時被拋往正確的方向。

還有其他方法能利用太陽系內所有星體的重力。事實上，NASA規劃了「星際高速公路」，呈現出各種可能性。這像是一個由管子形成的網絡，管壁就是由各行星和衛星的重力場所建立的路線。

將太空船放在其中一根隱形的管子裡，輕輕推一下，太空船就會被重力管網絡拉走，彷彿管壁是真的存在的實體路標。只要在正確的時刻點燃火箭發動機，你就能在交會處移動到不同的管子裡。不過，這樣雖然省燃料，卻是很慢的移動方式。如果廉價太空旅行公司提供你這種飛行路線，拒絕就對了。不管票有多便宜，你都有可能在抵達任何有趣的地方之前就已經死了。

的，在某些時段出發，成功的機會會比其他出發時刻要來得大。找出這些適合時段的過程很複雜，但卻是必要的，因為火星任務需要時間準備。另外必須知道的是，沒有一艘可載人的太空船能以新視野號的速度前進，因為載客太空船的重量遠遠大於只比高級相機重一點點的新視野號。現在地平線上（是個比喻）也出現了一些飆車級的太空旅行選項，等我們講到《異形》的時候會再提。但是，如果你想在未來十年左右去火星，那你最好幾個月都不要在行事曆上

安排活動。

最先進的交通規劃，也許是馬斯克的太空 X 公司想出的「行星際運輸系統」（Interplanetary Transport System，ITS）。太空 X 公司的目標是在 2020 年代建立火星殖民地，他們的 ITS 旅行是這樣的：首先，一艘載了一百位乘客的太空船會裝在推進火箭上，火箭裝有一組「全流式液氧甲烷／液氧」引擎，強度足以升起太空船和上面的一百名乘客，並將他們送進軌道。但是這艘火箭無法攜帶航行所需的所有燃料，因此這個太空船加推進器的組合會在到達軌道前分離，而太空船會進入停駐軌道，推進器則回到發射臺，優雅降落（希望是這樣），然後在原本連接太空船的位置裝上燃料槽。接著，裝好燃料槽的推進火箭回到軌道，燃料槽脫離火箭，為太空船加滿燃料。最後，推進器和空空的燃料槽回到地球，太空船就可以前往火星了。根據太空 X 公司的規劃，會有一個艦隊的 ITS 太空船一起前往紅色星球，所以這個過程會重複很多次。基本上，地球軌道會有一小段時間像是加油站前面那塊地，擠滿準備前往火星的太空船，等著前面隊伍清空出發。很酷嘛，馬斯克。

幾個月後，每一艘 ITS 都會利用火箭推進器在火星表面進行控制良好的降落，代表太空船會好好地待命，只要人類想回家，就隨時都能起飛。當然囉，如果被風暴吹翻了就沒辦法了。

前往火星的另外一個選項就沒那麼吸引人了。在荷蘭的非營利組織「火星一號」正在整理火星殖民的計畫。這個計畫比較有種「廉價航空」的感覺，主要是因為沒有回程票可以買。他們的火星運輸艇——目前還停留在繪圖板上——是一個「小巧的太空站」，能載運八百公斤的乾糧（真好吃）、七百公斤的氧氣、三千公升的

圖1-2 太空×火星探索的預計出發順序

太空船

推進器

1.推進器和太空船從地球發射。

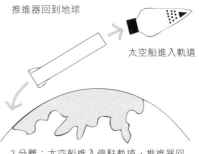

推進器回到地球

太空船進入軌道

2.分離：太空船進入停駐軌道，推進器回到地球。

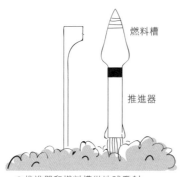

燃料槽

推進器

3.推進器和燃料槽從地球發射。

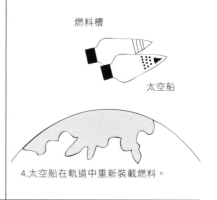

燃料槽

太空船

4.太空船在軌道中重新裝載燃料。

燃料槽

太陽能陣列

太空船

5.燃料槽回到地球，太空船部署太陽能陣列，前往火星。

水，供乘客在前往火星的七個月航程中使用。太空站有一艘獨立的登陸艇，一旦脫離主船降落在紅土上，就再也不會起飛了。沒錯，你一走，就是永遠走了。

在「火星一號」這座小巧太空站的宣傳冊中，也包括了一些令人稍微打個冷顫的事實描述：「三千公升的水也用於防禦輻射。」第二個問題隨之浮現：**去火星是否對你的健康有益？**

活下來

每個人都在碎唸太空輻射，但我不相信那有多恐怖。我們在地球上每年承受來自太陽以及腳下岩石的自然輻射量是二‧五毫西弗（millisiverts，mSv），去牙醫照一次X光大約是〇‧〇五毫西弗。

毫西弗？

輻射量是以西弗（sievert）為計算單位，以瑞典輻射防護先鋒羅爾夫‧馬克西米利安‧西弗（Rolf Maximilian Sievert）命名。毫西弗是他女兒，毫美[*]。

呃，科學冷笑話 —— 他們家應該沒人會覺得好笑。

---

[*] 譯註：mil 在英文中是代表千分之一的字首，可加在各種單位前。作者說了一個冷笑話，說 Milly 是女性的名字。

在我們開始討論只能和淘淘不絕講量子植物的男人聊天，度過枯燥乏味的好幾個月這個問題之前，我們先談談太空旅行最嚴重的問題之一：輻射

太空中充滿了快速移動的粒子，通常稱為宇宙射線（cosmic rays）。這些粒子不會抵達地球表面，因為就算地球磁場沒能使它們轉向，大氣層也會吸收掉大部分。然而一旦你離開地球的保護，就會接觸到非常多宇宙射線。

但這不一定是大災難。太空科學家曾透過前往紅色星球的火星探測車「好奇號」（Curiosity）上的輻射監測器，試圖了解旅客在前往火星的過程中可能會接觸多少輻射量。結果呢？根據「火星一號」的說法，你還是在健康安全的範圍內。

他們的計算表示，你在旅程中大約會接觸到三八〇毫西弗的輻射。他們說：「這樣的暴露量低於太空人生涯可接受的上限值。ESA、俄國太空總署，以及加拿大太空總署的上限值是一千毫西弗，NASA 的限制範圍是六百到一千兩百毫西弗，根據年齡與性別有所差異。」

火星的大氣層很稀薄，而且沒有磁場，所以殖民者在火星地表還是會暴露在宇宙射線下，每天的量大約是十一毫西弗，代表移居火星者大約能在那裡工作六十年，才會達到太空總署認為太空人生涯中可接受的輻射量上限。

不過，我們不是很確定我們的輻射暴露上限數字是正確的。比方說，研究已經開始顯示，阿波羅號的太空人有超出預期的嚴重心臟疾病——可能是因為輻射暴露破壞了他們的靜脈與動脈組織。

此外，如果太陽剛好進入活躍期，出現日冕物質拋射（coronal

mass ejections，CME），輻射量就會大幅上升。這些超大量的輻射
極端危險，所以「火星一號」太空船才必須擁有專門的輻射防
護 ── 基本上就是一個超大的空心水槽 ── 在太陽活動預測達高
峰時使用。

不過「火星一號」表示，大致上來說，太空船的輻射防護已經
足以保護乘客安全。而且，在「旅程」中你不應該要在空心水槽裡
度過一週以上。順道一提，馬斯克覺得輻射不是什麼問題。他是個
完全不拘小節的太空牛仔，對於 NASA 擔憂數十年的健康風險嗤之
以鼻，認為那「相對來說是小事」。所以呢，他的行星際運輸系統
幾乎沒有輻射防護計畫。建議你打包時帶上自己的含鉛防護衣。

然而，物理性的危險其實根本比不上在太空生活的心理挑戰。
首先是無聊和孤獨。在太空站的生活千篇一律，日復一日的維修工
作讓人的大腦變得麻木。食物很無聊，洗澡很困難，在那裡過的不
是什麼好日子。

雖然遴選過程經過特別設計，已經淘汰在這方面容易出問題的
那些人，但是程序不是完美的，所以必須要有應變計畫。舉例來
說，若 NASA 在和太空人通訊時發現情緒低落的跡象，那麼工作人
員就會想辦法送一些好料過去，或是安排他們和家人交談的機會。
然而在前往火星的旅途中，不太可能有這樣的選項。和地球距離遙
遠代表通訊非常困難，當然也不可能送大禮過來，光是郵資就令人
卻步了。理論上來說，好料可以先藏在居住模組裡的祕密隔間，也
許可以靠運氣或是透過傳輸線索找到，像是奇怪版本的大地遊戲。
然而，既然這是自願性的旅程，殖民公司又有多少責任要照顧他們
的福祉呢？

前往火星旅程中典型的一日

06:00　起床，用沾滿肥皂的布擦過全身[*]

06:15　早餐，一如往常的噁心

07:00　閱讀當天任務控制簡報

08:00　內務整理（清潔、修理，可能會燙燙衣服）

10:00　運動（徒勞無功地對抗肌肉流失）

11:00　吃點心（乾），做些科學研究（一樣乾）

13:00　午餐（同早餐）

14:00　排出垃圾。偷哭

17:00　再次運動（賦予「星星跳躍伸展」[**] 新的意義）

18:00　晚餐（同午餐）

19:00　自由時間（因為你不能跟地球上的人說話了，所以你說了自己是王牌飛行員時那個精彩的故事，好娛樂其他太空人 —— 又一次）

19:10　很奇怪，大家都很早去睡覺了。你打開一直打算要看的那本小說

19:20　檢查臉書和推特

19:35　想在窗外看到地球 —— 又一次

20:00　拿出你藏起來的小毯子，唱《阿拉丁》電影主題曲〈全新的世界〉—— 又一次

20:15　上床睡覺，考慮自殺

---

[*] 瑞克的想像。

[**] 譯註：即「開合跳」，因為四肢伸展的動作類似星形，英文稱為 star jump，星星跳，暗喻太空人真的在星星上跳。

透過把一群人長期關在地球上某個地方，心理學家已經研究過前往火星的旅程中可能會發生什麼事，而結果不太令人振奮。在模擬火星居住的實驗中，受試者傾向形成小團體，並以團體內成員的福祉為優先，就算會危害整個任務也在所不惜。如果他們根據性別而分裂，情況就更糟了：男性傾向彼此結盟，重視個人的舒適甚於女性福祉。男人基本上就是下半身動物。

就算是經過精挑細選，接受過訓練，要全心專注於任務的真正太空人，都可能會在太空生活的壓力下失控。1973 年，美國太空站「太空實驗室」（Skylab）就有太空人罷工了一天，因為他們覺得自己過勞。還有沉默的蘇聯太空人：1982 年，有兩個太空人在禮炮七號（Salyut 7）上互不交談近七個月。為什麼？因為他們不喜歡對方。

如果你想知道前往火星的旅程還有哪些其他健康風險，我們整理了一份簡單易懂的清單：

太空流感

你的身體演化無法適應微重力，而你的心臟設計是抗重力跳動的，所以在前往火星的路上，血液和其他體液比較容易堆積在上半身，造成你臉部浮腫、頭痛、鼻塞（在太空裡，每個人都會聽到你吸鼻涕），還有細瘦的鳥仔腳。你的橫隔膜也會往上浮，使你有點呼吸困難。你也會出現背痛，因為你的脊椎骨在沒有重力時會漂浮分開（好處是，你可能會長高幾公分）。

肌肉流失

你會流失肌肉質量，因為你在微重力當中不需要像過去那樣出力。

不過這也代表消耗的卡路里變少。還好食物也會非常難吃，你根本不會多吃，而且如果你沒有盡量找機會運動，你的體態就會變形。沒人想要一個又胖又臭的火星人。

體臭

對，你會變臭。在太空裡盥洗很困難。不只是因為淋浴出人意料地依賴重力，還因為水是珍貴的資源。

噁心

體液的轉移會影響內耳，讓你在頭幾天覺得作嘔。你很可能會「暈太空」。接近一半的太空人有這種症狀，而且他們還是被選出來的「對的人」。所以準備好面對嘔吐、頭痛、暈眩，還有隨時想躺下等症狀，只不過這裡沒有「下」。這也會加重你整體的混淆感和失去方向感。

失眠

你的睡眠模式會大幅改變。太空船上通常很吵，你會很難入睡。你每天的睡眠和清醒週期是一團糟，因為你的身體無法獲得黑夜和白天模式的線索。疲勞將會像誤點的火車那樣，狠狠撞上你。睡眠不足除了讓你疲勞、失去方向感、頭腦一團混亂，還會影響你的免疫系統。如果其他太空人身上有病毒，你就會感冒，或被其他病毒感染，然後就更容易因為細菌感染而摧枯拉朽。抗病毒物質和抗生素在幾個月後就會劣化，所以你必須用乾燥的原料自己合成藥物。前提是你夠清醒的話。

骨質流失

到了最後，你會發生相當於老頭子的骨質流失，因為在微重力環境中，太空人會排出鈣和磷。也就是說你會更容易骨折，也可能必須透過輸尿管排出結石。

精神病

這趟旅程的心理影響包括沮喪、焦慮、失眠（哈，你本來就已經超累了），極端情況下，還可能得到精神病。

細胞畸形

對了，還有你的細胞，尤其是血液細胞，長期來說可能不會正常生長與發揮作用，因為缺乏重力將會改變它們的形狀。我們還不知道這會造成什麼結果，但是少天真了，不可能是什麼好事吧。

如果看了清單以後，你還是執意踏上前往紅色星球的旅程，那麼我們要面對這第三個問題：**我們真的能在火星上過日子嗎？**

火星生活

一般常識？你是說讀提詞機嗎？

 你知道火星上不會有Google吧？到時候就會揭曉，其實你根本不知道什麼有用的資訊。只要一有問題，你馬上就死定了。

至少你在那邊還可以開個單元節目。
#永遠當不成主角

我會偷走火箭，丟下你離開。

祝你好運，火箭人。我看過你開車——你要毫髮無傷
地從西倫敦開回家都很難。

我不是心理學家，不過我們應該不會是火星任務的最
佳拍檔……

　　這部電影的關鍵是，華特尼在沒有救援希望出現之前，在火星
生存了四年。真希望他知道自己是麥特‧戴蒙，所以不可能在螢幕
上死掉……

　　華特尼一面分配團隊帳棚中剩下的食物，一面著手種植他能取
得的最好的食物。他的答案是，用他自己的個人化特製品牌肥料來
種植馬鈴薯。你知道我在說什麼 *。

　　不過，如果我們有朝一日真的移民火星，到時候就會有良好的
溫室和農業規劃。電影中基本的火星棲地（道具組稱之為「小屋」）
是一座加壓帳棚。它必須夠輕才能放在太空船上帶往火星，但又要
夠強、夠重，才能抵擋火星的猛烈天氣。帳棚內有一套維生系統，

---

* 譯註：電影中他使用自己的排泄物做肥料。

圖1-3 火星「小屋」可能的配置格局

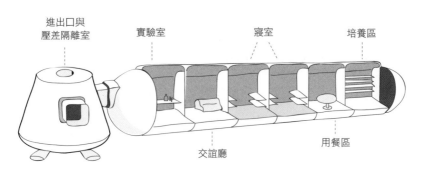

進出口與
壓差隔離室　　　實驗室　　　　　　寢室　　　　　培養區

交誼廳　　　　　　用餐區

包括可呼吸的大氣和冷暖設備。它也必須具備輻射防禦功能，有壓差隔離室，好讓移民者能安全進出。理想上它應該是模組化的，意思是你可以隨需要增加或移除各部分。朋友要過來吃飯？裝上一個備用小屋就可以了。

　　目前已有好幾種小屋正在研發中。比較具挑戰性的是食物問題。ESA 已經開始規劃菜園和菜單，內容包括稻米、洋蔥、番茄、大豆、馬鈴薯、萵苣、波菜、小麥，以及含有豐富蛋白質的螺旋藻。基本上什麼都可以加螺旋藻，你也應該這麼做 —— 除了豐富的蛋白質之外，螺旋藻含有大量的維他命以及必需氨基酸（只是需要很努力才能習慣它的味道）。ESA 甚至做出了點菜的菜單（你可以看到，我們改良過了）。

　　這些美食會使用人類的排泄物種植，因為排泄物會產生水、氧氣及養分（人體排出的腸道內細菌 —— 看來太空生活不是很在意這種事 —— 會是維持健康飲食的關鍵）。植物需要在溫室生長，因為不管是在火星夜間的零下溫度，或是日間強烈的紫外線輻射下，它們都沒有存活的希望。當然，稀薄得接近真空的火星大氣層也令植

圖1-4 火星菜單

THE RED PLANET DINER

午餐菜單

簡餐 -15美元
套餐 -10美元

前菜

萵苣驚喜*（F）
火星麵包佐綠番茄醬（F）

主菜

蠶與蟋蟀燉菜（I）（W）
馬鈴薯與番茄千層派（F）

甜點

螺旋藻小麥布丁

所有原料盡可能來自本地。
你會寧願它不是。若有食物過敏或不喜的食材，
請告訴侍者。然後準備好餓肚子。
本菜單無法修改，永遠。
（I）- 含昆蟲
（W）- 含蠕蟲
（F）- 以廚師本人的排泄物種植生長

---

* 只有萵苣而已，驚訝吧！

物難以生存。目前是有計畫要將基因改造後的強壯植株帶到火星，但是還沒研發出來。

事實上，我們已經開始在太空中種植物。比方說，國際太空站（International Space Station）的太空人已經在微重力環境中種了（小心地放在密封盒裡，避免土壤飄走之類的問題），也吃了，蘿蔓萵苣。相關人士表示，種植物有一個很特殊的地方。藉由照顧從我們行星成功來到太空的植物，太空人會覺得自己和地球有更多的連結。在地球上，沙拉只是對你的身體好；在太空裡，它卻對你的靈魂有益。

還有其他開花植物也在國際太空站綻放，代表也許在菜單上增加番茄是有可能的。不過，需要考慮的其他事還不少。主要的疑慮是，植物是根據地球的條件所演化的。最早提出植物的根會像水管一樣「往下」長的人是查爾斯・達爾文（Charles Darwin），而這在微重力環境中是一個問題：如果根無法判斷生長的方向，你要怎麼確保它們能找到需要的養分和水分？

這不是作物無法生長的唯一原因──事實上，太空園藝遠不是那麼直截了當的事。國際太空站上的第一批萵苣面對了「乾旱壓力」，這是好聽的說法，其實就是「太空人澆的水不夠」。花（太空人種的是百日菊這種菊科植物）則證明了還有更多的考驗。澆水設備最後淹沒了根，所以這些植物必須透過葉片排出多餘水分，但是太空站花園裡的通風條件惡劣，植物長期處於潮濕狀態，於是葉片很快就全部發霉了。接著太空人必須用消毒巾清理葉片，然後不得不忽視 NASA 的指示，憑感覺找出照顧百日菊的方法，就像地球上的園丁一樣。儘管 NASA 內有許多天才，但任務控制中心裡並沒

終極生存者

華特尼很厲害，但是真實世界的太空人也曾有很了不起的表現。事實上，太空人從1961年開始，就已經在太空中土法煉鋼了。

你可能知道阿波羅十三號上氧氣槽爆炸的事件，也知道當時那些太空人如何使用東拼西湊、將就的技術修復損害。這件事的教訓是，如果要前往火星或太空裡任何其他地方，記得帶大力膠帶（duct tape）。因為在數不盡的千鈞一髮之際，它都是關鍵工具。

在阿波羅十一號任務裡，巴茲・艾德林（Buzz Aldrin）則用一支麥克筆救了許多生命。當時屬於登月艙發射機械裝置一部分的一個斷路器掉了下來，這代表除非他們能修好，否則他和尼爾・阿姆斯壯（Neil Armstrong）就會被困在月球上。任務控制中心為了找出修理的方法亂成一團，此時艾德林想到，麥克筆可以關閉接點，而且不會造成機械裝置的任何火花或是短路。

在太空中最偉大的土法煉鋼應該出現在1963年，當時高登・庫伯（Gordon Cooper）搭乘的水星—宇宙神九號（Mercury-Atlas 9）火箭在軌道中發瘋，火箭的高度、方向、位置都無法顯示，自動穩定與控制系統也關機，之後座艙內開始充滿使人失去意識的二氧化碳。庫伯向外看著星星，想辦法藉此判斷自己的位置與方向，然後用他的天美時（Timex）手錶準確計算出必須發射減速火箭的時機，好設定太空船的位置與速度，安全返航。最後，他完成了有史以來最準確的太空船海中降落。認輸吧，華特尼！

有綠手指；國際太空站的指揮官凱利（Kelly）還發了推特，表示自己必須連結「內在的華特尼」。不過，最後一切都值得了，有些百日菊最後真的開花了。

NASA 就是 NASA，在太空裡操作獨立栽種的太空人現在被稱

為「自給園丁」。國際太空站自給園丁的下一步是種植小白菜，接著是在 2018 年種盆栽狀的小番茄。

馬鈴薯還沒排進國際太空站的名單裡 —— 它們最遠只到過祕魯。國際馬鈴薯中心（International Potato Center）和 NASA 合作，在祕魯的沙漠裡種植馬鈴薯。那裡雖然不是火星，但也沒有相差十萬八千里。

為什麼選擇祕魯？因為馬鈴薯是碳水化合物、蛋白質、維他命 C、鐵質和鋅的良好來源，而它來自祕魯，是當地文化中不可缺的一部分，既是染料也是食物（還能用來替未來的妻子打分數，在祕魯文化裡，能為特別凹凸不平的「哭泣新娘」品種的馬鈴薯去皮的女性，就是值得娶回家的老婆）。為了找到適合在火星種植的馬鈴薯，NASA 想嘗試找出能在寒冷、低壓、水分少等條件下，還在貧瘠土壤中生長的品種。他們從六十五個品種開始，專家認為其中應該會有十種能好好生長，但充滿壓力的條件，使得其中有些變得苦澀或不可食用。

當然，馬鈴薯不是唯一的問題。事實上，太空飲食可能會是一場災難。廚師在太空裡的首要目標，是確保食物不會太無趣。萵苣、番茄和馬鈴薯是還可以，但不能吃太久。一個高科技的解決方法是機器人廚師，基本上就是食物 3D 列印機。聽起來很有未來感，但我們已經有了第一代機器了，它能用乾燥的原料製作番茄乳酪披薩之類的東西。

目前為止還沒有義式臘腸披薩的計畫 —— 其實除了吃昆蟲的可能性之外，動物性蛋白質並沒有出現在任何單位的菜單上，因為這麼做會有很大的問題。我們曾經帶動物去太空，但尚未成功養大

任何一隻。送到俄國太空站和平號（Mir）的鵪鶉蛋大部分都沒有孵出來，而真的孵出來的小鵪鶉也出現發育缺陷。同樣地，演化是罪魁禍首。所有動物都適合活在地球的重力環境中，而地球的重力遠大於太空中、甚至是火星上的重力。在地球上，含有發育中胚胎的蛋黃會在蛋殼的底部，使胚胎能透過蛋殼的氣孔和外界交換氧氣。但是在微重力環境中，蛋黃會漂在中間，導致氣體交換效率較低，小雞或小鵪鶉便無法獲得關鍵的氧氣。就算真的孵出來了，牠們也無法在微重力環境裡平衡，自行進食。我們會知道這件事，是因為美國太空梭發現號曾經在肯德基的資助下進行過實驗。在重力是地球三分之一的火星上，雞也許可以生存，但是要讓牠們完整無缺地抵達那裡依舊是一項挑戰。

等一下，肯德基？你說真的？

對。他們在1989年出資進行兩趟旅程，第一趟在太空中生長胚胎，然後在第二趟把原本那些胚胎的一些後代帶進太空。如果你想知道的話，第一隻在太空裡孵出來的小雞被取名叫「肯德基」。牠們似乎好好地回到了地球，也恢復了進食的能力。據報告，有一名研究員說她「在太空母雞和公雞身上，沒有看到任何不尋常的地方」

漢堡王有沒有把懷孕的牛送到太空呢？

沒有，瑞克。想想酬載的重量。不過確實還有其他的動物實驗。例如兩棲動物在太空裡一樣很痛苦，因為牠們的本能是向「上」跳出水面呼吸，所以當「上」不存在時，牠們就發現自己麻煩大了。

 要我老實說的話，我一點都不想吃兩棲動物。

田雞腿怎麼樣？吃起來很像雞肉喔。

 謝了，但我不用了。我會吃雞豆跟藻類。

別那麼輕食啊。總之，也許會有辦法克服在微重力環境養動物的問題，畢竟我們挺聰明的。如果我們能弄出適合在火星栽種的馬鈴薯，說不定我們也能繁殖出不受重力影響的家禽。

 但那可不便宜。

「蛋」是不便宜。

 （沉默）夠了。我們來回顧一下 —— 火星。我們要怎麼去那裡？希望是利用馬斯克的行星際運輸系統之一，這樣情況變糟的時候還可以回來。火星對你的健康好嗎？老天，不。我們能生存嗎？要看你多喜歡吃靠你的排泄物生長的藻類了。吃一輩子。

侏羅紀公園

JURASSIC PARK

恐龍真的長那樣嗎？

有沒有人能讓恐龍復活？

我們是否應該利用科學「去滅絕」？

你知道一個叫吉迪恩・曼特爾（Gideon Mantell）的醫生嗎？他是第一個發現恐龍化石的人。

 我知道。他發現禽龍（*Iguanodon*）。

很好。不過，他居然沒有用自己的名字為它命名 —— 這就叫做謙虛。我猜你會把自己發現的恐龍命名為「瑞克龍」，對吧？

 當然。或是「瑞禽龍」。曼特爾真是個傻瓜。

　　《侏羅紀公園》絕對是一部好看的電影，它在 1993 年上映時突破全球票房紀錄。雖然很難相信現在會有人不知道這部電影，但還是說明一下故事背景。

　　電影根據麥可・克萊頓（Michael Crichton）在 1990 年出版的小說改編。劇情描述數百萬年前，有一隻蚊子在吸食了恐龍血後，受困在樹脂裡，成為琥珀密封的化石被保存了下來。由李察・艾登保羅（Richard Attenborough）所飾演的百萬富翁約翰・哈默（John Hammond）資助了一項生物科技計畫，目的是將這隻蚊子體內的 DNA 抽取出來，使恐龍 —— 各式各樣的恐龍 —— 復活。他把這些恐龍放在一座即將對外開放的主題公園裡，並試圖先得到幾個科學家的背書……

　　這部電影至今仍讓人覺得歷久彌新，證明了它的品質以及克萊

頓的先知,也可能是因為它的三部續集都保留了故事的延續性。第四集的《侏羅紀世界》(*Jurassic World*)在 2015 年上映,在上映首週週末創下票房紀錄新高,證明恐龍復活的題材依舊維持不墜的吸引力。這部新電影中的恐龍更多樣化了(特效也做得更好),但大致上還是和原本的電影很像。

從 1993 年至今,我們已經對恐龍有了更多的認識,於是第一個問題來了。所以,**恐龍真的長得像《侏羅紀公園》裡那樣嗎?**

劍龍的飛行

你小時候想過要去當恐龍獵人嗎?

 我現在還是想。你覺得我有機會嗎?

現在沒有,因為徐星在幹這行。他發現的恐龍化石非常多,已經數不清他得命名的種類有多少了。

 幸運的混蛋。他的祕訣是什麼?

天時地利。他甚至沒想過要當恐龍專家。事實上,他去北京念大學之前,連聽都沒聽過「恐龍」。他想當的是經濟學家,但是中國政府要他念古生物學。

沒聽過恐龍？這也太難令人相信了。但我倒是很喜歡
國家替你決定人生道路，這種事應該更多一些。

現在的恐龍不是過去那個樣子了。過去數十年裡，古生物學家
已經在中國挖到一大批化石，揭露許多恐龍的生理特徵，使我們必
須拋棄曼特爾創造的那種無聊、醜陋的爬蟲類刻板印象。恐龍一點
也不無趣。事實上，牠們可能非常引人注目。

而關於恐龍最驚人的發現也許是：其實有很多種恐龍都非常像
鳥類。但是，這樣的相似性並不在於飛行能力，而是在於牠們身上
都覆蓋著羽毛。

恐龍有羽毛的證據，來自於羽毛印痕化石以及羽根節（quill
knob，不要在後面偷笑了）的發現，後者是在骨頭上幫助固定大型
羽毛韌帶的小突起處。過去數十年裡，從中國湖泊沉積層中挖掘出
來的數百件恐龍化石 ── 其中包括迅猛龍（*Velociraptor*）等各種草
食恐龍 ── 都有這些特徵。但是我們還有直接證據。比方說，有
人在緬甸琥珀市場發現一塊梅子大小的固體樹脂，內含一根非常完
整的恐龍尾巴，骨頭和軟組織都在 ── 羽毛也在。還有其他琥珀
內含有恐龍羽毛及鳥類羽毛的例子，這些羽毛可能是被風吹進了固
化中的樹脂，於是被保留在裡面，牢牢地固定了數百萬年。

所有恐龍都有羽毛嗎？這是一個很難回答的問題。2014 年，
研究人員宣布他們發現了小型草食恐龍的殘骸化石，身上同時有鱗
片和羽毛。這促使瑞典、加拿大、英國的科學家建立巨大的演化圖
表，想明確指出羽毛是在何時、何地成為常見特徵。結果他們發現

證據太有限，無法得到明確的結論。他們在論文中表示：「目前資料顯示，羽毛及其絲狀同源物可能是獸腳類（theropod）的共衍徵（synapomorphy），但無法支持原始羽毛（protofeather）是恐龍目動物的祖徵（plesiomorphy）的假設。」

嗯，真是清楚的說明啊。現在你知道為什麼聚餐時沒人想坐在科學家旁邊了吧。總而言之，答案其實就是：不是所有的恐龍都有羽毛。

大概吧。雖然無法確定此事讓人覺得沮喪，但是要記得，我們現在是要找出某種生存在數億年前的生物的顯著特徵。老實說，能有如今的成就已經很了不起了。更厲害的是，我們現在已經知道某些恐龍當時的顏色了。

此刻你一定在想：等一下，我們是從化石紀錄的發現來找到證據的。化石是過去有生物物質存在的位置，被泥巴填塞起來，變成紮實的石頭之後形成的東西。我們怎麼可能知道原本的生物物質是什麼顏色？這是一個好問題，也是個聰明的問題，但是不如想出答案的科學家那麼聰明。

動物界大部分的顏色來自形狀特殊的黑素體（melanosome），這種細胞會製造生物色素黑色素（melanin）。細長狀的黑素體（稱為「真黑色素小體」〔eumelanosome〕，記不起來也沒關係，我們沒有要考試）通常會製造出灰色和黑色，至於球狀的嗜黑色素體（phaeomelanosome）則製造橘褐色的色素。這是恐龍身上最常見的兩種黑素體，所以可能也是最早演化出的黑素體。

比較來自恐龍骨骼的黑素體化石與來自斑胸草雀（zebra-finch）羽毛的黑素體，會發現兩者幾乎一模一樣。這代表，透過建立恐龍

圖2-1 恐龍簡史

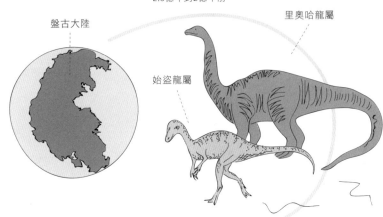

────── **三疊紀** ──────
2.5億年到2億年前

盤古大陸

始盜龍屬

里奧哈龍屬

地球又熱又乾,是適合爬蟲類生存的完美環境。
此時已經演化出的恐龍向來不出名。

────── **侏羅紀** ──────
2億到1.45億年前

勞亞古陸

大西洋

額外的降雨增加植被生長

梁龍

劍龍

剛瓦納大陸

盤古大陸因地震分裂成海洋和兩個陸塊。有些目前還不知道是什
麼的東西,讓許多爬行動物和兩棲動物滅絕,但恐龍沒事。只是
《侏羅紀公園》這名字令人費解,因整部電影的主角,如霸王龍
或迅猛龍在此時都尚未出現。

白堊紀
1.45億到6,600萬年前

隨著愈來愈多大陸板塊出現，各種肉食性和草食性恐龍物種開始獨立演化。由霸王龍領銜，迅猛龍、三角龍、似雞龍等等為配角。這是恐龍的黃金時代，但為時不長。

霸王龍

三角龍

白堊紀─第三紀大滅絕
6,600萬年前

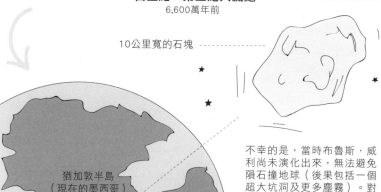

10公里寬的石塊

猶加敦半島
（現在的墨西哥）

不幸的是，當時布魯斯・威利尚未演化出來，無法避免隕石撞地球（後果包括一個超大坑洞及更多塵霧）。對大部分恐龍來說，這就是世界末日。

化石中黑素體的分布與形狀的圖譜，就能告訴我們這種生物真實的外觀。

上述技術堪稱奇觀的應用之一，就是重現在中國遼寧省發現的一億兩千五百萬年前的中華龍鳥（Sinosauropteryx）化石原樣。中華龍鳥是霸王龍的親戚，屬於不會飛行的肉食原型鳥類，身長約一公尺多。結果顯示，牠是驕傲地披著橘白條紋的恐龍。

我們判斷的根據是，從牠的頭部往下到背部和尾部，都有帶狀的嗜黑色素體化石，和完全沒有黑素體的帶狀範圍交錯出現，代表牠的羽毛顏色應該是橘褐色與白色條紋交錯。這種偵探工作還滿有意思的，而且現在已經很常進行了。舉例來說，同時期的孔子鳥（Confuciusornis）化石顯示，牠大致上是黑色的，但尾巴和翅膀的羽毛是橘色。發現侏羅紀晚期的赫氏近鳥龍（Anchiornis huxleyi）化石的研究人員也挖出很多黑素體資訊，足以描述出相當驚人的細節。赫氏近鳥龍有灰色和深色的身體，臉上有紅褐色斑點，長肢上的白色羽毛有「黑色亮片」，以及鐵鏽色的冠。看到了嗎？古生物學才不只是在泥巴跟塵土間挖來挖去而已 *。

關於恐龍的這些發現，顯示牠們的外型非常顯眼，因此研究人員開始認為，這樣的外觀應該會影響到牠們的行為，牠們可能有求偶展示的行為，就像牙齒很大的孔雀一樣；恐龍甚至可能會用牠們的羽毛來溝通，也可能曾經在寒冷的侏羅紀夜晚，利用羽毛為蛋或孵出的幼獸保暖，在現在的蒙古就曾經發現一窩在巢裡孵出的恐龍化石。

---

* 公正地說，大部分時候是這樣。

恐龍的柔軟面

恐龍向來給人恐怖的刻板印象，所以這麼說好像有點奇怪，不過恐龍似乎也有溫柔養育的本能。證據來自被岩漿困住 —— 後來成為化石 —— 的恐龍，遇難當時是坐在一窩蛋上的（可能是一窩已經孵出的幼獸；不過從焦黑的化石殘骸很難分辨），顯示牠們是會照顧孩子的父母。不過我們認為這也告訴我們，牠們的警戒心不是很強：你到底是要多分心，才會讓整個家在你眼前變成化石？

讓別人來照顧顯然也不是解決辦法。古生物學家在2004年發現一窩恐龍化石，裡面有三十隻恐龍寶寶，加上一個較年長的標本。研究人員一開始以為那副較年長的骨骼是家長之一，在火山噴發時剛好打了個盹。但進一步檢查發現，那隻較年長的其實還沒到繁殖的年齡。換句話說，那是個保姆。一個永遠拿不到薪水的保姆 —— 而且你可能會說，牠不夠盡職，沒資格拿薪水。

公恐龍也不是永遠都光鮮亮麗的，有些公恐龍似乎必須參加競爭激烈的挖洞比賽，才能確保自己有伴侶。這個看法來自於研究人員發現了數個並列的深洞，周圍布滿獸腳類足跡（迅猛龍就是獸腳類家族的一員）。這些洞是橢圓形的，大約兩公尺長，四十公分深。發現這些洞的研究人員推論，它們不是恐龍窩的遺跡，也不是地道或遮蔽處。他們最佳的解釋是，這些洞是求偶儀式的一部分，基本上代表：「我可以幫你挖一個很棒的窩。」雖然這個理論可能漏洞百出，但目前我們也只能想到這個。

但是事情也不是只有光鮮亮麗、輕鬆愉快的這一面 —— 差得遠了。頭骨研究顯示，很多鳥類恐龍可能都比任何你說得出名字的鳥類更兇暴致命。舉例來說，在中國龍鳥的頭骨化石裡有一個看起來像是毒液腺體所在的位置，而頭骨裡帶溝槽的牙齒應該就能傳送

這種毒液。提出上述說法的研究人員表示，線索在於那個溝槽是從牙齒延伸到毒液腺體原本所在的空間。他們的看法（大家都認為很具爭議性）是，那是一隻有翅膀的眼鏡王蛇。面對這個壞孩子，羽毛應該不會是你最關心的部分。

　　事實上，《侏羅紀公園》還是精準呈現出恐龍有多可怕。記得鮑伯・派克（Bob Peck）扮演的公園管理員追蹤迅猛龍那一幕嗎？他看到一隻母迅猛龍，她坐著彷彿束手就擒，但突然間，另外一隻猛禽就出現在派克的左方。「聰明的女孩。」他在死亡來臨前不得不如此承認。先不管迅猛龍其實只有火雞般的大小，而不是跟人一

圖2-2 哪一種獸腳恐龍比較可怕？
史匹柏導演決定無視羽毛的證據可能是對的。

樣高，導演史匹柏的「迅猛龍」很清楚的是以獸腳恐龍（*Deinonychus*）為基礎，而根據在中國發現的許多痕跡，我們幾乎能肯定這種獸腳恐龍確實如電影所描述，是一種會成群獵殺的動物。獸腳恐龍是馳龍科（*Dromaeosaurs*）下的一個屬，屬於「猛禽」類。曾有一群不同物種的猛禽類（例如猶他盜龍屬〔*Utahraptor*〕—— 猜猜看化石最早是在哪裡發現的）在山東省的古河流旁留下移動的痕跡，牠們當時是全體同時朝同一個方向前進。

然後注意了。山姆・尼爾（Sam Neil）在電影中扮演賣弄學問的古生物學家，他說迅猛龍行走時會縮著中間的腳趾 —— 那裡有最致命的爪子 —— 藉此維持爪子的鋒利，而這些獸腳恐龍正是如此。牠們留下的爪痕約二十八公分長，只顯示兩根完整的腳趾。中間的地方只有粗短的殘跡，顯示那裡是懸空的。

然而，恐龍不會整天都在忙著嚇死周圍的一切。牠們還有別的事得做，比方說，交配。而這就是古生物學成為史上最盛大猜謎遊戲的時候了。透過檢視骨頭的應力性骨折，我們能推論出恐龍可能有和交配儀式有關的打鬥行為。但是這些猜測都令人沮喪。要是我們可以看到恐龍到底是如何生活的，就能更輕鬆地知道恐龍到底是什麼模樣了。既然沒有時光機（反正現在沒有；我們還沒講到《回到未來》那部片），那麼第二個問題來了：**我們能讓恐龍復活嗎？**

比想像得近

那個克萊頓滿厲害的，身高兩百公分，結過五次婚……

而且還是氣候懷疑論者，曾經在美國國會作證，懷疑全球暖化是人為問題。他真是只選對自己有利的科學。

他死了算你走運。

為什麼？

政治記者邁可‧克勞利（Michael Crowley）可以告訴你為什麼。他曾經批評過克萊頓的反科學活動，結果在克萊頓出下一本書時，他發現自己被寫進故事裡了，一個老二很小的政治記者克勞利。

天啊！真是太刻薄了。

克萊頓顯然有顆易碎的玻璃心。

　　「去滅絕」聽起來很酷又很有未來感，對吧？但現在也是可能發生的事了。事實上，我們可以說已經做到了，對象是一種已經絕種的野生山羊，庇里牛斯山羊（Pyrenean ibex）。2000 年的時候，科學家從最後一隻存活的庇里牛斯山羊西莉亞（Celia）身上取得 DNA。雖然西莉亞不久後便死去，但是科學家在 2003 年創造出了牠的複製品。好，雖然複製品立刻因為肺部缺陷而死去，但是概念

性驗證已經成功。

有數十個物種的動物都可能死而復生。名單上當然有古代巨鳥渡渡鳥（dodo）、象牙嘴啄木鳥（ivory-billed woodpecker）、長毛犀牛（woolly rhinoceros）、大海雀（great auk）與南非小斑馬（quagga）等等。但事情其實沒有這麼簡單，我們必須要問一些問題，諸如：牠們是否會因此喪失基因多樣性，導致繁殖問題？牠們是否難以適應變遷的環境？我們能復活足以存活的族群數量嗎？會不會有新的疾病使牠們再次滅絕？這是做得到的嗎？有足夠的 DNA 嗎？是否存在代理孕母候選人，讓複製體得以生長？

旅鴿（passenger pigeon）似乎是通過種種考驗的物種。胃育蛙（gastric-brooding frog）似乎也是，這種青蛙（你可能也在狐疑）會把發育中的幼蛙放在自己的胃裡，等出生時機到了再吐出來。這種

圖2-3 如何讓已絕種的庇里牛斯山羊復活

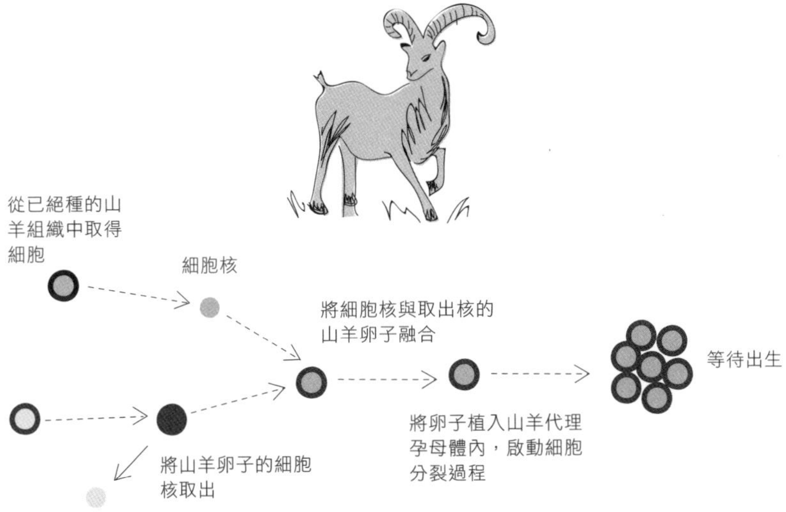

從已絕種的山羊組織中取得細胞

細胞核

將細胞核與取出核的山羊卵子融合

等待出生

將山羊卵子的細胞核取出

將卵子植入山羊代理孕母體內，啟動細胞分裂過程

鴿子驗屍報告

鴿子還沒有絕種，你應該也注意到了。但是有一個遭到過度獵捕的品種——「北美旅鴿」已經絕種了。顯然當牠們的數量在二十世紀逐漸萎縮時，並沒有人注意到牠們成群結隊的數量愈來愈少了。最後一隻旅鴿是二十九歲的瑪莎（Martha），在1914年九月死於辛辛那提動物園（Cincinnati Zoo）。

當時還沒有發現DNA，而且我們其實也還不了解生命的機制。現在我們知道的更多了——多很多——旅鴿也成為了去滅絕的旗艦計畫。

一群科學家從各博物館中展示的旅鴿標本腳部取出DNA，透過DNA定序技術，再與目前仍存活並大量繁殖的鴿子DNA比較，成功得到旅鴿約百分之七十五的DNA。因為DNA是建立有機體新複本的指導手冊，所以這樣的比例感覺起來已經足夠了。

科學家的計畫是，等技術再成熟一點，他們會從班尾鴿（band-tailed pigeon）身上取得DNA，填補不足的部分。因為解讀DNA的速度每年成長八倍，所需技術的成本也呈指數下滑，所以我們有足夠的理由相信旅鴿很快就能復活。

生物在 1980 年代末期絕種，相信你也會同意，如果能再次看到這種表演還滿不錯的。

唯一讓專家說出「可能」的物種是長毛象（woolly mammoth，又稱猛瑪象）。這很有意思，因為專家不論如何都迫切地想要嘗試使這種動物復活。

最後一隻長毛象大約四千年前還在西伯利亞冰天雪地的荒野中漫步。科學家也在那裡創造出克萊頓點子的極地版仿冒品，名為「更新世公園」（Pleistocene Park）。更新世公園裡已經有美洲野牛、

馬、麋鹿和馴鹿，但幾乎無法吸引大批遊客前往這天寒地凍的荒野。沒有人想去侏羅紀公園看小型草食動物，大家想看的是奇觀。也許這就能解釋為什麼更新世公園的老闆很想發展出自己的招牌明星，長毛象。

這是可能的，目前有兩條路可走。一是使用保留在極地冰塊中的長毛象遺骸 DNA。這項工作由日本的複製專家主導，計劃將這種 DNA 注入大象的卵子，再將卵子放回大象的子宮，希望那隻大象能孕育長毛象寶寶，生出已經在地球上消失數千年的品種。

但在環境比較舒服愉快的郊區裡，哈佛大學有個很不一樣的計畫。喬治・喬區（George Church）帶領的團隊打算自己建構長毛象的 DNA。他們知道怎麼做，因為我們已經有兩個保存在零下溫度裡的完整長毛象基因體。其中一個大約是四千年前的，另一個大約是四萬五千年前的。

比較年輕的那個，來自東西伯利亞海的夫蘭格爾島（Wrangel Island），就我們所知，這裡是長毛象最後的家。這個基因體內有很多近親繁殖的跡象 —— 可能暗示了這個物種最後滅亡的原因。較古老的標本則保有令人讚賞的基因多樣性，看起來是重建的好樣本。喬區和同僚能在電腦中規劃 DNA 序列，利用化學物質處理機器人從庫存不多的化學物質中建立長毛象的 DNA。這不用花太多時間，他們預計大概 2018 年就會有可用的長毛象 DNA 重返地球。

哈佛計劃將相關的、獨特的長毛象 DNA 片段剪接到亞洲象的細胞內，利用化學觸發劑將這些細胞轉變成能生長成所有組織的「幹細胞」。所以如果你將這個混血幹細胞的細胞核，放入已除去細胞核的亞洲象卵子中，應該就會生長成一頭龐大、毛絨絨、有巨

大象牙的大象。

我們知道你在想什麼。這個那個，鴿子，長毛象，這樣那樣，青蛙，渡渡鳥──我的迅猛龍呢？

好，我們來說說恐龍。牠們是下一個復活的候選人嗎？如果能說「對」就好了。但是所有專家都說「不」。問題在於 DNA 會劣化、腐壞，就像是你奶奶家廚餘桶裡的葉菜一樣。恐龍存活的時代太古老，幾乎不可能還找得到堪用的 DNA。

丹麥國立歷史博物館的潑冷水大師摩頓‧艾倫托夫（Morten Allentoft）表示，只要五百年左右的時間，DNA 單股內的分子就有一半已經分解成別的東西了。而你現在面對的是活在六千五百萬年到兩億三千萬年前的生物，腐化的程度非同小可。減半了幾十萬次以後，已經沒有什麼剩下來了，就算你一開始有幾百萬個 DNA 字母都一樣。

雪上加霜的是，有人真的查證「琥珀封死的昆蟲體內 DNA」這件事。曼徹斯特大學的大衛‧佩尼（David Penney）是一名琥珀專家，他一直很懷疑 1990 年代的那些說法：能從被困在樹脂內變成化石的蚊子體內取得 DNA。所以他找了一位 DNA 專家泰瑞‧布朗（Terry Brown）來幫忙，選出相對年輕的含昆蟲琥珀標本（沒那麼難找，在珠寶店就能買到），最古老的也才一萬年前。他們從琥珀內部的昆蟲身上取出 DNA，結果發現，這些 DNA 也一樣劣化得很嚴重──其實是更嚴重──和在各大博物館內風乾的古代昆蟲體內的 DNA 沒兩樣。

很遺憾，不過就科學上來說，目前還不可能使恐龍復活，克萊頓一直都在騙我們。但是為了讓你打擊沒那麼大，我們有別的提

議，恐龍雞。

　　科學家正在重新創造恐龍，只是不是你預期的那一種。如果耶魯大學的安陽・布拉（Anjan Bhullar）和阿漢・阿札諾夫（Arhat Abzhanov）的研究成功，那麼未來的侏羅紀公園裡將充滿有著迅猛龍口鼻部的雞。這可能不是太吸引人的賣點，但是你會花點小錢去看看，對吧？

　　我們要怎麼做到呢？好，別忘了鳥類也是恐龍。牠們的祖先在侏羅紀時期生活，你看著鳥的時候，也能發現兩者間清楚且顯著的關聯性。想像一下，如果鳥長得比現在更大，牠們會是可怕的怪物；若有了迅猛龍的口鼻部，那牠們可能會更可怕。

　　當然，這些科學家並不是專門為了要打造恐龍雞而做研究。研究的正式目的，是要找出在恐龍演化成鳥類的過程中，使口鼻部轉變成鳥喙的分子路徑。但是將演化的時鐘倒轉一億五千萬年，確實讓某些生物學家開始發揮想像力。

　　恐龍有兩根支持口鼻部的骨頭（現代的爬蟲類依舊有）。在鳥類身上，這些骨頭生長並融合，形成喙子，這似乎是兩種蛋白質的作用所造成的。科學家已經在雞的胚胎裡阻擋了這些蛋白質，因此這些雞會長出口鼻部而非喙子。頭骨掃瞄結果顯示，牠們和始祖鳥（*Archaeopteryx*）的化石奇異地相似，有些看起來則像迅猛龍。

　　這肯定超酷的，不過還有其他的玩法。例如，你只要修改雞的基因體，就能把恐龍的尾巴裝在雞身上，但還滿需要技巧的，因為這可能牽涉到很多基因，而要找到對的那個來修改相當困難。但是基因改造至少已經讓我們有了長出恐龍腿骨的雞。現代鳥的腓骨短，而且朝一端變細，比較像是小刺，甚至根本沒有和足踝相連。

但是在智利大學的亞歷山大・伐格斯（Alexander Vargas）的實驗室裡，基因強化後的雞就不一樣了。他的學生荷歐・伯提歐（Joâo Botelho）學到怎麼抑制印度刺蝟基因（Indian Hedgehog，如果你想知道更多偉大的基因名稱，《千鈞一髮》那章有一份清單），使雞能長出像恐龍那樣好好地連在足踝的長腓骨。對，那不是霸王龍，但你總是得有個開始。

還是你不需要？事實上，你該這麼做嗎？科學家有時候就是不太會問這種問題。所以我們讓它成為最後的問題：**去滅絕的倫理問題是什麼？**

死而復生

你最喜歡的角色是誰？

裡面唯一具有倫理觀念的人，傑夫・高布倫（Jeff Goldblum）飾演的數學家。他有句經典台詞：「你們科學家老想著『能不能』，從沒停下想過『應不應該』。」

啊，你說的是伊恩・麥坎（Ian Malcolm），這個角色的姓也能當名字，所有偉大的人都這樣。像是麥特・戴蒙、麥可・道格拉斯（Michael Douglas）、詹姆士・狄恩（James Dean）、凱蒂・佩瑞（Katy Perry）、費歐娜・布魯斯（Fiona Bruce）、比爾・莫瑞（Bill Murray）、瑞克・艾德華（斯）……

還有容恩·傑瑞米 *。

我不知道他是誰。

「這地方對大自然毫無謙遜之心，讓我感到不可思議。」

麥坎說的有道理。乍看之下，使消失已久的物種復活彷彿是個好點子。畢竟，如果我們有技術能使物種復活——尤其是那些因為獵捕或棲息地遭破壞等人為因素滅亡的物種——我們幾乎是有責任要這麼做，不是嗎？沒有人阻止旅鴿遭到獵殺，但是，如果我們能讓牠們復活，那就沒關係了，是嗎？就像莎士比亞說的，只要有好結果，過程就不重要了。

不一定。這樣的思維正支持了我們不應該開始進行去滅絕的論點。簡單來說，這些人主張去滅絕會消除緊急感，危及保育工作。如果你認為你能從 DNA 樣本重新製造動物，那麼就沒人想保育自然資源了。但是人類應該要關心保育工作才是。

過去五百年裡，已經有超過八百個物種因為人類活動而滅絕。自從恐龍消失以來，世界上的物種正以前所未有的速度滅絕。國際自然保護聯盟（International Union for Conservation of Nature）的「紅色名錄」裡目前有四萬多個物種，牠們都處於受威脅的狀態，有超過一萬六千個受威脅物種即刻就要滅絕。瀕臨滅絕的物種清單上除了有大部分的靈長類動物之外，還有四分之一的哺乳類、八分之一

---

* 譯註：Ron Jeremy，美國色情片男演員。

的鳥類及三分之一的兩棲類；加上世界上大約有百分之七十的植物也瀕臨絕種，你就知道如果我們不做點什麼，問題會變得多嚴重。

有什麼好理由能讓我們把目光從保育轉開，專注在努力實現去滅絕呢？就長毛象這個例子而言，去滅絕的做法還牽涉到使用某些瀕臨絕種動物的子宮（這裡使用的是亞洲象）。支持的第一個理由，也許是我們能夠有智慧地使用這種技術。舉例來說，與其選擇那些受到矚目的動物，不如選擇那些最有可能融入現有生態系統的動物。

這意味著要把迅猛龍計畫換成留尼旺島巨龜（Réunion giant tortoise），或是最近從澳洲樹叢消失的白尾次巢鼠（lesser stick-nest rat）。為什麼？因為大自然是一張複雜的網，用《獅子王》的話來說，這是「生命的循環」，代表要考慮棲息地、獵物和掠食行為。如果有一個地方適合生存、有好吃的，能在食物鏈中恢復已斷裂的連結——換句話說，你的滅絕就只是運氣不好，或是因為人類的愚蠢——那麼你這個物種的復活會是一件好事。

對於聖誕島的伏翼蝙蝠（pipistrelle bat）來說，這是個好消息。沒有人知道為什麼牠們會在 1990 年代數量大幅減少，但現在一般相信，牠們消失的方式和渡渡鳥一樣。這造成了問題，因為這種蝙蝠是那附近唯一會吃昆蟲的蝙蝠。在這個物種消失後，周邊地區的昆蟲增加。沒有人（除了昆蟲）想要這樣。

你可能在懷疑，留尼旺島巨龜為什麼符合資格，畢竟牠又不會被吃，自己也只吃植物，所以牠不會影響任何動物的數量。是這樣的，牠的糞便會散布植物的種子。隨著這種陸龜的消失，那些依賴陸龜大便的植物也面臨絕種。懂了嗎？是生命的循環要求大便的陸

龜復活。

要復活的另一項條件很簡單：我們能不能做好這件事，創造出大量有某種程度的基因多樣性與生態影響力的動物，進一步重建可永續生存的數量？

這是各種保育組織以許多不同的形式提出的問題。比方說，國際自然保護聯盟已經發行了一份關於復活已滅絕物種的正式指南，指出很多值得謹慎行事的理由。這些考量並非只是出於單純的保育論點而已，舉例來說，去滅絕可能會引進具有危險侵略性的物種，消滅現有的物種（我們說的就是你，澳大利亞蔗蟾蜍*）。物種復活可能使疾病有新的傳播方式，或是意外使我們無法控制的古代細菌與病毒跟著復活。這種科技也可能使會破壞作物與牲口的物種復活，甚至造成人類死亡。國際自然保護聯盟總共列出了去滅絕的五項優點和十二項缺點。從這些數字來判斷，意思很明顯了。

一個重要的考量是，若是古代的物種復活，牠們能好好和人類共存嗎？我們能不能使牠們遠離城市，或是不受盜獵者、陷阱、獵人捕捉？長毛象的象牙將會價值多少？是不是要不了多久，就會有個混蛋拿著高級來福槍，用幾百萬美元的代價換取射擊復活的劍齒虎的機會？

我們不想看到「去滅絕」變成走向「再次滅絕」之路的第一步。這樣只是徒勞無功，而且幾乎肯定會使任何已上軌道的大規模復活計畫停止。所以我們要小心行事，或者根本不要開始。

---

*譯註：Australian cane toad，於 1935 年自南美洲引進澳大利亞，以解決甘蔗的蟲害問題。但蔗蟾蜍在澳大利亞的天然環境裡幾乎沒有天敵，因此大量繁殖，對澳大利亞的天然環境和食物鏈造成極大的破壞，包括鱷魚、螃蟹、蛇，以及一些鳥類都因為吃了牠或牠們的卵、幼蟲而被毒死。

混沌理論 —— 復活一定會出問題嗎？

混沌理論（Chaos theory）講的只是複雜系統的不可預測性。電影中傑夫‧高布倫是這麼告訴蘿拉‧鄧恩（Laura Dern）的。這當然不足以說服鄧恩，所以高布倫不得不把調情動作發揮到極限，玩她的頭髮，握她的手，說她肌膚的瑕疵使得落在她手指的水滴，會出現各種截然不同的可能結果。

老實說，與其說這是一個理論，不如說這是描述在某些情況下會發生的事。在這些情況下，某些物理特徵或特質的行為會對條件的改變極為敏感。恐龍當初可能就是受此影響。為什麼？因為我們太陽系中的行星與許多小行星的軌道，就是混沌的另外一個例子。行星的軌道一般來說是穩定的，但是在小行星帶裡的岩石軌道，對於周邊重力拉力的些微改變非常敏感。行星排成一直線的特殊情況，雖然可能一億年只會發生一次，但已經足以使一顆小行星改變原本固定的軌道，並因為新的重力拉力進入彈道，被拋離原本的路徑。現在它的軌道是混亂的，什麼都可能會發生，包括撞上地球。根據加州大學洛杉磯分校研究人員的研究，大約六千五百萬年前曾經有一次混亂的失序，差不多和恐龍滅絕的時間相當。

這不只和物理學有關。自然界似乎也是一個混沌系統，它的混沌代表，只要有小小的改變，例如昆蟲數量的改變，就可能造成生態系統災難性的崩潰。另一種表現，則是無生育能力的動物會啟動自我複製的能力，就像某些品種的鯊魚一樣。或者，被剪接到DNA裡的基因編碼片段，可能會造成不穩定性，改變像是迅猛龍這種生物的基本行為。換句話說，我們亂搞大自然，就是讓自己陷入險境。

　　我們也必須想想，若我們讓古代動物復活，會有什麼也跟著一起復活、或是第一次被製造出來。如果古代生物再次在地球上漫

步，必然有很多寄生蟲會利用這個新的棲位寄宿，幾乎可以肯定牠們會發生適應，使生存的機會最大化。如同我們剛剛提到的，人類可能也要對付許多新病毒和細菌。眼見無法被現有藥物消滅的致命細菌已經演化出來，我們正面對抗生素危機（如果你以為我們在誇大問題，等我們到《28 天毀滅倒數》那章你就知道了），我們真的想再為新一批的細菌大敵製造溫床嗎？

不過……你真的會說「不要，別這麼做」嗎？

這件事比我們想得還要複雜與微妙。雙名的伊恩・麥坎萬歲，因為他指出了這一點。所以，總結來說……

恐龍世界不像侏羅紀公園那樣，而是充斥著羽毛、用喙理毛、雀躍快走、挖洞還有糟糕的保姆。我們無法讓牠們復活，而且有些人說我們根本連試都不該試。

你聽起來很生氣。

我氣得七竅生煙。我想看到恐龍。我想去侏羅紀公園。我想要在鄉下開車時，因為有一群似雞龍要過馬路而停下來。

你好幼稚。在你的聖誕禮物清單上寫「伏翼蝙蝠」然後就放棄吧。

星際效應
INTERSTELLAR

黑洞是真的嗎?

如果掉進黑洞裡會怎麼樣?

我們真的需要量子資料嗎?

這部電影非常特別。劇本是和超級科學家基普·索恩（Kip Thorne）合作完成的。他就像是我的神，是目前在世最偉大的科學家之一。他的博士學位指導教授是理論物理學家約翰·惠勒（John Wheeler），也就是發明「黑洞」這個詞的人。多虧了他的研究，讓《星際效應》成為對黑洞最早的寫實描述。

不，不是的。1979年法國天體物理學家約翰—皮耶·盧米涅（Jean- Pierre Luminet）就用過打孔卡電腦研究出黑洞是什麼樣子。他沒有印表機，所以他用手畫出他的計算結果——看起來就和《星際效應》裡的那個黑洞「巨人」（Gargantua）很像。

你怎麼知道？

你是說，你不知道但我知道？因為我跟你不一樣，我讀過索恩寫的關於這部電影的那本書。聽過「一日影迷」這個詞嗎？

　　《星際效應》不只是一部賣座強片，還是科學界的轟動事件。打造出這一切的男人索恩，是一位天資聰穎的天體物理學家，也是在 2016 年宣布探測到重力波的天才之一；在一百年前，是愛因斯坦預測了重力波的存在。

　　索恩寫了《星際效應》的原始劇本（本來是要由史蒂芬·史匹柏執導），並獲得執行製作人的頭銜。但這其實不是單向的付出，

索恩和同僚也打算利用好萊塢電腦動畫介面的強大功能，進行關於
黑洞本質的新科學運算。這些重大發現後來發表在同儕審查的科學
文獻上，使得電影科學進入全新的境界。《星際效應》確實讓我們
對於黑洞的模樣，有了全新的科學觀點。

　　這也不是索恩和好萊塢的第一次接觸。他曾經為《接觸未來》
（*Contact*）提出蟲洞時空旅行的概念，這是卡爾・薩根（Carl Sagan）
以外星智慧為主題的小說，後來也改編成電影。另外索恩其實也是

「巨人」這個名字

在《星際效應》裡，黑洞「巨人」的質量是太陽質量的一億倍，大到
如果你把它放在我們的太陽系中央，它會填滿從太陽到地球軌道中間
的所有空間。而且它不只是坐著不動：它會以百分之九九・八的光速
轉動。根據索恩的說法，這是一個重點，因為旋轉會影響重力場，使
得鄰近的米勒星球（Planet Miller）在穩定的軌道上存在。需要付出
的代價只有一個：與不在這麼強烈的重力場裡的行星相比，時間在米
勒星上流逝的速度特別慢。這是因為相對效應。也就是說，米勒星上
每過一小時，地球上就過了七年。

那黑洞的驚人外型呢？也許這是「巨人」構造最驚人的部分，因為那
不是特效猴戲做出來的，而是科學的成果。大家一開始以為掉落到
黑洞裡的氣體，會因為星光的照耀而看起來像碟狀——所謂的「吸積
盤」（accretion disc）。但是等到科學家弄清楚是怎麼回事以後，
他們發現，因為黑洞會扭曲周圍的空間，所以其實也會扭曲我們看到
的吸積盤。電腦程式消化了這些數字，算出奇異的月暈效應，因此我
們其實在黑洞的上、下方、前方都看得到吸積盤。一開始，科學家以
為只是電腦出錯了。接著他們發現，這才是黑洞樣貌預期外的真相。

史蒂芬‧霍金（Stephen Hawking）的傳記電影《愛的萬物論》（*The Theory of Everything*）裡的一個角色，由安佐‧席倫提（Vincenzo Cilenti）飾演（對了，他也有演出《絕地救援》）。

《星際效應》的背景設定在地球已經無法居住的未來，當時有某種沒有明確名稱的作物疾病大規模蔓延，使農耕愈來愈困難，因此人類需要新的家園。不幸的是，一些短視近利的政客在好幾十年前就把 NASA 打入冷宮，所以現在機會渺茫 —— 或者說，真的有機會嗎？

在發生一連串基本上很離譜的事件後，前 NASA 王牌飛行員約瑟夫‧庫伯，暱稱「庫普」（Joseph 'Coop' Cooper，由馬修‧麥康納〔Matthew McConaughey〕用力飾演，且效果不太理想）發現，有幾個勇敢的人一直堅持著航向星際的夢想，並努力運作一個祕密太空計畫。他們提出各種瘋狂方案 —— 加上仁慈的外星人所製造的一些方便的時空裂縫 —— 要讓黑洞成為通往更好未來的入口。

我們可能有一天也需要做類似的事。很多科學家認為，人類長久生存的唯一希望，就是移民到外星球，而且我們很有可能會需要黑洞的幫助。所以，先問這個最明顯的問題顯然是合理的：**黑洞是真的嗎？**

空間與時間裡的一個洞

關於這部電影的基礎，我有一個小問題。那些住在黑洞裡的外星生物，有技術能打開蟲洞，形成通過第五度空間的捷徑。

你的重點是什麼？

 如果你有這種技術，那解決作物枯萎病根本就是小事一樁啊。難道他們不能快遞一大桶超維度的超級除草劑過來，然後再回到第五度空間嗎？

你是說索恩可能把答案想得太複雜了，其實這根本是一個農業上的小問題嗎？

 恐怕你朋友索恩誤以為偉大的物理學是萬靈丹。

你這種人會在我們移民外星球的時候被留在地球上，你知道嗎？

　　《星際效應》中發展得最大、最完整的角色，也許是黑洞「巨人」。這是一個令人心生敬畏的物體，根據電影的描述，它給了人類唯一的生存希望。

　　從很多方面來說，這都為一個非常微妙的概念帶來很大的壓力。多年以來，黑洞一直不是很好過。雖然現在幾乎人人都至少聽過它們的名字，可是有一段時間，就算是最知名的科學家都希望它們消失。

　　最早認真看待黑洞的，是印度數學家薩布拉瑪亞・錢卓斯卡（Subrahmanyan Chandrasekhar），我們就叫他錢卓吧。他在計算恆星

在生命末期會發生什麼事的時候注意到，如果恆星的重量夠重，那麼它們將會因為自身的重量而塌陷。為了了解原因（以及黑洞到底是什麼），我們必須先學一點愛因斯坦的廣義相對論。別擔心，沒有那麼難*。

愛因斯坦的理論，是伊薩克・牛頓爵士（Sir Isaac Newton）的重力理論升級版。牛頓的理論描述一個物體如何在另一個物體的質量影響下移動，而因為行星會受到彼此質量的拉力所牽引，所以他能用這個理論計算行星的軌道。

愛因斯坦則進一步描述這些物體為什麼會這樣移動，他的理論起點是，「空間與時間並非是為我們存在的、固定不變的平坦運動場」；相反的，空間與時間會受到質量與能量的扭曲，就像你的質量以及跳上跳下的能量會扭曲腳下的彈跳床一樣。這樣的扭曲，會在任何巨大或富含能量的物體周圍的空間與時間裡（一般合稱為「時空」）造成彎曲。換句話說，一個剛好打算要以直線前進的東西，在通過這個彎曲的空間時，會沿著曲線前進。因此，本來在作用時看起來是把某個東西拉向另一個東西的重力，事實上會使你偏離原本的路線，因為你通過的宇宙路徑已經彎曲了。

讓我們回到錢卓的想法。恆星只是一顆燃燒氣體的球，在燃燒時會製造向外的壓力，並與自己的重力相抗衡，以維持充飽氣的狀態。但是一旦燃料用盡，就只剩下火球裡創造出來的原子和分子了。這些原子和分子的質量，創造出對其他原子和分子的重力拉力，使瀕死的恆星開始萎縮。隨著恆星愈來愈小，重力的吸引力變

---

* 嗯，其實很難。不過我們會讓你輕鬆一點，也放我們自己一馬。

**圖3-1 重力只是空間和時間的扭曲。因為太陽有質量，
所以它會扭曲周圍的空間，使得地球朝它「掉落」。**

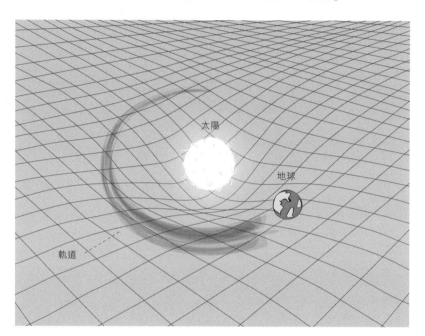

得更強，恆星就變得更小、密度更高 —— 以此類推。如果恆星一
開始就夠大，那麼最後的結果是：恆星濃縮後的質量會使它的密度
達到無限大。這就是問題了，因為它打破了物理法則。愛因斯坦的
廣義相對論認為，一個密度無限大的物體的重力場，會使空間與時
間的扭曲程度極大，最後不再存在，所以空間與時間在黑洞周邊的
曲率會變得無限大，形成極尖銳（角度極小）的彎曲，創造出在
「時空」—— 也就是宇宙的構造本身 —— 裡的一個洞。

　　當時最傑出的天文學家亞瑟・艾丁頓爵士（Sir Arthur Eddington）
表示，錢卓的研究是「星際間一大笑話」。這是因為愛因斯坦提出

的宇宙，以及宇宙彎曲的空間，在當時還算是很新的概念，經過了幾次實驗性的測試後才漸漸普及，為世人所接受。但是錢卓可以說是在愛因斯坦的宇宙裡挑漏洞。因此，有很長一段時間，大家都說黑洞只是理論而已。你知道，就像有些人對演化的看法一樣 *……

如果你想確定黑洞不只是理論而已，你就必須找到一個。但是這很難。為什麼？因為它們是黑色的啊，傻瓜。

黑洞的重力場很強，所以如果你太靠近，你就無法逃離它們的拉力。這不只是因為你不夠強壯，而是因為過了某一個點之後，什麼東西都逃不出來，連光也不例外。這個分界點由奇異點周圍的球體表面積所決定，稱為「事件視界」（event horizon）。事件視界標示了從奇異點到連光 —— 宇宙中最快的東西 —— 都無法脫離黑洞拉力的距離。

如果沒有光（或是任何其他放射線）能離開，那麼就定義而言，這個東西是不可能被看見的。所以，理論上來說，你其實看不到黑洞。但是在這一章裡我們會頻繁地發現，理論和實際有很大的差別。實際上，我們看得到黑洞，因為我們能看到所有正要掉進黑洞裡的光。

或者這只是我們自以為。這些其實不是關於黑洞存在的斬釘截鐵、決定性的證據。那些 —— 例如在我們的銀河系中央 —— 打轉、往下俯衝的光有可能是別的東西造成的，不過黑洞是最簡單的解釋。尤其是當這些光和似乎是黑洞造成的其他現象綁在一起時，就更有說服力了。

---

* 所謂的「有些人」，我們指的是「白癡」。

其中最新、也是最有說服力的現象，就是重力波的觀察。在愛因斯坦提出廣義相對論以及其不穩定的時空之後沒多久，他便預測：造成巨變的宇宙事件，應該會使空間出現如小石子落入池塘裡那般的漣漪。

這是個很不錯的想法，也好像挺合理的，但真的，真的很難測試。理論上來說，你可以搖搖你的拳頭，它移動的質量將會在整個空間與時間裡創造出擺動，但如果想偵測到這樣的擺動—— 祝你好運。重力是弱得可笑的力，拳頭運動這種小小的移動，幾乎不可能撼動宇宙。可是在說明過我們實際偵測到的重力波時，一切就會很清楚了。

我們最早是在 2015 年 9 月偵測到重力波，當時的成因是兩個超級黑洞相撞。那次撞擊發生在十億年前。對，十億。為了偵測到這場老早就結束的災難性宇宙相撞事件，我們必須要能偵測到這道對空間造成質子直徑千分之一的距離影響的漣漪，大約是一公尺的十億分之一的十億分之一：不管用哪一把尺量，都是強人所難。但是雷射干涉儀重力波天文台（Laser Interferometer Gravitational-wave Observatory，LIGO）可不是一般的尺。

歷經數十年打造的 LIGO，在這場劇烈的推力形成微小的撞擊時就發揮了作用。我們曾經對黑洞相撞可能造成的各種空間擺動做出預測，而 LIGO 看到的擺動，完全符合預測。所以，沒有，我們沒有真的看見黑洞。但是多虧了 LIGO，我們現在打死都能確定它們真的存在。

如果黑洞是真的，那麼就算我們不能像馬修・麥康納那樣，利用黑洞探索真愛超維度的本質，我們也能—— 理論上—— 探索黑

圖3-2 LIGO觀測到黑洞融合。灰色的線是我們預期目前最敏感的偵測器LIGO
會偵測到的重力波；黑色的線則是我們真正偵測到的。兩者幾乎完美相符。

繞著彼此旋轉，最後融合在一起的黑洞。

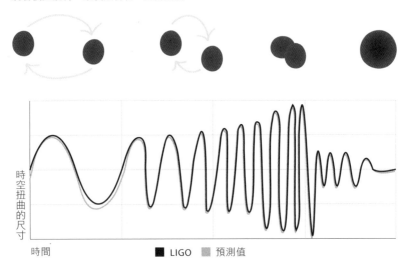

洞（老實說，我們和你一樣失望。但這件事你得相信我們。在迪士
尼宇宙之外，「真愛之吻」是靠不住的）。不過呢，還是要謹慎行
事。黑洞可不是能亂搞的東西，你會從我們的第二個問題裡找到答
案：**如果你掉進黑洞裡會怎麼樣？**

恍惚升天

關於那句名台詞，愛是「超越時間和空間的那樣東
西」，是可觀察到的，也是強大的，必定代表某樣東
西，你怎麼看？

我覺得庫普的反應很完美。愛的「意義」，就是它在社會聯繫與養育孩子方面的用途。

 你真冷酷。你會告訴你太太，你多重視她的社會用途嗎？我無法想像那個樣子。

那是因為你結婚的時間還沒有我久。

當庫普掉進黑洞時，他發現了愛的意義。雖然你不太可能有相同的領悟，不過我們也不能肯定你會發現什麼。

以這麼一個簡單的問題而言，答案真的很複雜。或者應該說「這些答案」有好幾種可能性，包括時光旅行，以及在平行宇宙中冒險，甚至還會出現觀點的問題，因為發生的事會根據「你」是誰而決定。如果你是觀看者，那麼你觀察到的結果會和正在墜落者的經驗很不一樣。

在電影裡，小麥（我們相信馬修·麥康納喜歡被這樣稱呼）跨過了黑洞的事件視界，一旦通過了這個飛航極限點，他就再也無法脫離黑洞了 —— **理論上是如此** —— 但因為某種原因（不能爆劇情雷）—— **實際上** —— 他回來了。我們沒有要大力批評這種迴避自然結果的情節，因為這是神一般的索恩想出來的；老實說，我們算什麼東西，有資格質疑他的決定嗎？不過呢，這個安排和我們覺得可能會發生的情況可是大異其趣。

先從我們接近事件視界的時候開始。不，不要「我們」好了，

我們會在安全的距離外觀察，你，是你去。你要進去黑洞了，腳先進去，因為我們要讓這過程盡可能達到最好玩的效果。

在你前方是一片壯觀的黑暗，你看過最完全的黑暗。等到你接近事件視界時，你的腳和黑洞中央的奇異點的距離，大約會比頭和奇異點的距離近兩公尺。此時你的腳感受到的重力拉力會比頭的感受強很多，所以你會被所謂的潮汐力拉長。物理學家——至少是有趣的那些——將此稱為「麵條化」。你被黑洞變成義大利麵了，細細長長的。

我們假設你掉進了所謂的「超大質量黑洞」，像人馬座 A*（Sagittarius A*）這個在我們的銀河系正中央的黑洞一樣巨大。人馬座 A* 有巨大的重力場，且因為某些還滿複雜的物理學原理，在人馬座 A* 的事件視界，相差兩公尺以上的拉力差異不會把你拉到極限。另一方面，如果你掉進的是比較小的黑洞，那在你還沒跨越事件視界前，你的頭就會被扯掉了。這樣還有什麼好玩的？

好玩的不只有麵條化而已。首先，你現在是穿越時間，不是空間。過了事件視界後的強大重力場，會造成空間與時間彎曲得非常厲害，以致於它們交換了角色。所以，你現在是穿越時間，這事就連我們最進步的科技都完全無法掌握。你的旅程終點——奇異點——現在就如同明天一樣必然會來臨。實際上，那是你的未來的一個時刻，而不是在空間裡的一個地點。

很奇怪的是，你對這些扭曲絲毫不以為意。因為你現在是這整件事的一部分，所以你感覺一切都很正常。但對於在外面看的我們來說，你一點都不正常。

想像一下，我們停在和事件視界保持安全距離的位置，我們看

其他和黑洞有關的電影

警告：這些電影有些爛得應該要麵條化。

《黑洞》（*The Black Hole*, 1979）

宇宙太空船帕羅米洛號（Palomino）的船員發現一艘太空船停在一個黑洞旁邊。它怎麼沒有被吸進去呢？它產生了一個神祕的「空重力」泡泡。我們接著發現，黑洞裡住著詭異的生物。也許索恩就是從這部片獲得（恐怖）靈感，想出有生物住在第五度空間裡⋯⋯

《LIS太空號》（*Lost in Space*, 1998）

時間是2058年，環境汙染導致地球無法居住（跟災難性的作物枯萎病有點像，是吧，索恩？我們好像看到了公式⋯⋯）。這部片由電視影集《六人行》（*Friends*）裡飾演喬伊（Joey）的演員演出，片中的黑洞是一顆崩塌的行星所形成的。如我們所知，這種事在任何一個適用一般物理法則的宇宙裡都不會發生。

《黑洞追殺令》（*The Black Hole*, 2006）

曾演出電影《早餐俱樂部》（*The Breakfast Club*）的賈德·尼爾森（Judd Nelson）長大了，成為一位粒子物理學家，他的原子撞擊器意外打開了一個黑洞，從中出現恐怖的生物。還是你看了這一部，索恩？

《地動天驚》（*Sphere*, 1998）

我們在太平洋海床上探索似乎是外星人的太空船，片中相信這艘太空船是透過黑洞來到這裡。事實上，那是一艘來自未來的美國太空船。本片改編自克萊頓的小說，劇情自此開始一路下滑。達斯汀·霍夫曼

（Dustin Hoffman）、莎朗‧史東（Sharon Stone）和山繆‧傑克森（Samuel L. Jackson）演得都比劇情本身好。

《星銀島》（*Treasure Planet*, 2002）

一部不恐怖的太空金銀島動畫電影，由艾瑪‧湯普森（Emma Thompson）為一艘船上長得很像貓的船長配音。黑洞在片中只是附帶提到而已。我們猜測，在電影拍攝期間，沒有任何物理學家受傷——或甚至被諮詢。

見的強烈重力場，會對總算成功回到我們這裡的光線造成奇異的效果。在你朝事件視界掉落的時候，從你身上反射的光會被重力拉長，得到愈來愈長的波長，所以我們會看到你變成紅色。

這樣還不算什麼；強烈的重力場會讓時間變慢，所以你看起來就像是用愈來愈慢的動作掉下去，彷彿永遠無法到達事件視界，也不會從我們視野中消失。換句話說，我們能永遠看著你不可避免地、紅紅地死亡。真是種享受。

總之呢，回到你，和你令人稱羨的體驗。奇異點來了！接下來要發生的事，老實說，是在獲得相關資訊後做出的推測。有些人說，你只是會被重力撞死；比較樂觀的物理學家則說，奇異點會形成新的時空小片段，於是你會進入一個新的宇宙。就像我們說過的，好玩吧！

還有一個想法很有趣： 你會從我們宇宙裡的另外一個地方出現，因為黑洞其實是一個蟲洞—— 一個入口—— 連接空間與時間的不同部分。如同我們在《回到未來》裡會看到的，黑洞有可能是

穿梭時間的方法。

有些物理學家甚至提出，掉落並穿越黑洞的奇異點，是接觸空間中某個「額外」維度的方法，打破你這輩子都在體驗的無聊的三度空間維度，終於有機會在第五度空間裡度過你應得的假期（如果你懷疑我們漏了一個維度，時間是第四維度）。不過，絕對不可能像小麥那樣，有點可怕地莫名其妙地出現在他女兒房間的書架後面。如果這是你不知道的劇情，我們很抱歉，不過這段真的很讓人困擾，所以你現在就知道比較好。

還有一件事。我們剛剛告訴你的一切，可能都是錯的。為什麼？因為愛因斯坦的廣義相對論肯定是錯的。對，是的。愛因斯坦也不是什麼都知道。

說句公道話，愛因斯坦確實讓我們有了好的開始。但是在某些方面來說，他對重力波的預測，就是他失敗的原因。我們看到了因為黑洞造成的重力波，就代表黑洞是真實存在的。如果黑洞是真的，但廣義相對論卻無法好好描述在奇異點那個曲率無限大的地方會發生什麼事，就代表這個理論有缺失。它不完整，它需要幫忙，它會被一個更好的、能把工作做好的理論取代。去教室後面罰站，愛因斯坦。不對，你應該去校長辦公室，把量子資料拿回來。

《星際效應》的劇情裡不時提到這個「量子資料」。它是一切的關鍵，攸關人類存亡、黑洞、在宇宙中航行，還有怎麼在不破壞外包裝的情況下拿出一罐豆泥。……好啦，最後一個可能不算，但是其他的都非靠它不可。

所以，這必然是我們的第三個，也是最後一個問題：**我們到底為什麼需要這個量子資料？**

在量子中找到慰藉

我真的很喜歡這部電影的一個地方，就是裡面的機器人都沒有擬人化的外型。仔細想想就知道這很合理，因為這樣你不會和它們有那種情感連結。所以呢，就能輕鬆地把它們丟到黑洞裡之類的。

真是令人耳目一新，不是嗎？我也喜歡可以調整它們的誠實度、幽默感、信賴度的設定。真希望我也能調整某些朋友的設定。

但你會希望它們改變你的設定嗎？

不需要。我的設定是完美的。

誠實度可能需要調一下。最好也把你的幽默感從零往上調一些。

　　除非你是金魚腦般的記憶，否則你應該記得廣義相對論並沒有做好描述宇宙萬物的工作。因此，我們需要物理學家所謂的 —— 這名字滿沒有想像力的 —— 萬物論（Theory of Everything，ToE）。

　　如果可以的話，請想像有一束光，從目前肉眼可見最遙遠的恆星華蓋三（V762 Cas）穿越宇宙而來。相對論描述的是這道光走的路徑，經過所有介於中間的行星與恆星，以及因它們的重力而被遮

蔽的彎曲空間。另一方面，量子力學描述的則是那道光裡的單一光子，在經歷一萬六千年的旅程後，終於抵達你的眼睛，與你眼睛視網膜裡的單一分子的互動情況。

我們沒有一個理論能描述那個光子如何和它在路上碰到的重力場互動，因為量子力學和相對論完全不相容。相對論是我們目前最能夠在宇宙規模描述宇宙的理論，量子力學則是我們對於最小物質的主要學說，然而物理學家卻不知道該怎麼將兩者結合。這很重要，因為這是我們唯一能完全了解宇宙起源的方法。

物理學家追尋的萬物論，必須要以「量子重力」為基礎，這是相對論和量子理論難以理解、也尚未實現的結合。而我們建立量子重力理論的最大機會，就是真正了解黑洞裡面的情況，因為重力形成了黑洞，而量子力學又描述了所有黑洞正中心的那個無限小的點，所以黑洞可說就是量子遇上重力的地方。

不過，一切的關鍵看來並不在黑洞的中心，而是在它的邊緣 —— 事件視界。

要了解為什麼，我們必須先來看「測不準原理」（Uncertainty Principle）這種量子現象。它說的是，任何遵守量子規則的東西（在一個由物質和能量組成的宇宙中，這代表所有東西），它的明確特質都有其限制。實質上而言，你不可能知道任何東西的所有事，比方說，你必須失去一個粒子的動量資訊，才能知道它的位置。

空無一物的虛空空間裡的能量，就是這種無法獲得精確值的東西。測不準原理表示，在經過短暫的時間後，你就是無法得知在一個虛空空間的體積裡到底保存了多少能量。而如果你無法知道能量是多少，就代表那不會是零。不完全是。這樣一來的結果是，不論

任一體積的空間看起來有多「虛空」，必然會有一點能量來來去去。

根據量子理論，宇宙中這個「不完全為零」的能量，事實上是以一對自發存在的「虛擬」小粒子所表現。這對粒子是物質與反物質，而且兩者相遇時，它們會徹底毀滅。

霍金在 1974 年指出這個理論裡很特別的一點。如果粒子和反粒子出現在黑洞的事件視界，可能會有一個掉進黑洞，一個沒有。這樣一來，它們就不會相遇並毀滅，而宇宙中會有新的、另外的一個能量粒子從那個黑洞裡出現。霍金指出，這種能量的創造會損耗黑洞的一些質量，因為愛因斯坦的相對論告訴我們，能量和質量是可交換的（因為 $E = mc^2$ 這個公式：E 是能量，m 是質量，c 是光速）。所以黑洞會一直失去質量，最終什麼也不剩。它會停止存在，成為「前黑洞」。它可能會蒸發。

黑洞透過霍金輻射（Hawking radiation）的蒸發，會有很奇怪的後果。這不只代表黑洞會從宇宙中消失，還代表關於曾經掉進黑洞裡的一切東西的資訊，也會跟著消失。但是量子理論的一條鐵則是，資訊是宇宙的基本成分，你永遠無法摧毀它。

有很多方法也許能說明這整件事。其中最明顯的，就是說資訊會從霍金輻射中出現。物理學家提出各種論點，解釋這為什麼不會發生 —— 而且這些論點還滿好的，所以最後我們得到了所謂的「黑洞資訊悖論」（Black Hole Information Paradox）。

理論物理學家四十年來一直嘗試解決這個悖論，情況也滿失控的。世界上沒有任何腦袋能像理論物理學家那樣想出真正奇怪的點子；也沒有任何東西能像黑洞那樣，激發出這麼奇怪的想法。最新的解釋和火的球殼有關，這個火能燒毀任何已通過事件視界、但還

徵求：萬物論

等我們找到量子資料的時候，它可能會帶給我們一些驚喜。你知道原子是由電子、質子、中子所組成的，也許你也知道光子和中子是由夸克（quark）這種小小的粒子所組成的。但是在真實世界的本質上來說，再下一個層級是什麼呢？

我們就是不知道。目前我們最合理的推測是，宇宙萬物——不論是物質或是能量——最終都是由能量的振動循環所組成。物理學家稱之為「弦」，也創造出某個叫做「弦論」的東西，描述它們如何行動，創造出我們所熟悉的現實。

弦論目前只是一個數學上的觀念，沒有任何的實驗做後盾，而且在我們有生之年幾乎都不可能有。但是，它確實至少提出了一些很有意思的論點。

其中之一是，隨著能量弦振動的方式不同，會出現各式各樣的次原子粒子。另外一個論點是，空間中一定有很多看不見的維度，大約有七到八個，根據你參考的到底是哪一種弦論而定。

那些隱藏的維度在哪裡？有各種實驗試著找到這些維度，但都徒勞無功。這也不意外，弦論者這麼說：這些維度都在我們周圍，但是捲成了細細長長的管子，窄到我們無法偵測到它們，這叫做「緊緻化」（compactification；根本比不上「麵條化」精彩）。這可能是個好說法，或者也可能是物理學上最優雅的胡說八道——而競爭這個頭銜的對手可不少。

弦論並不是唯一想統一相對論和量子力學，建立重力的量子理論的理論。你還有其他選項，例如「環圈量子重力」（Loop Quantum Gravity）、「因果動力三角形」（Causal Dynamical Triangulation）和「扭子理論」（Twistor Theory）。就和弦論一樣，它們幾乎都肯定是錯的。

沒進入資訊會遺失的領域。

然而，這個「黑洞防火牆」也會製造專屬的問題。這是因為相對論指出，在重力下掉進黑洞的人，應該不會注意到自己身上發生任何奇怪的事，因為他們正在通過事件視界。但是要不注意到自己身上著火了也滿難的，就算你已經喝了一兩杯來鎮定神經也一樣。

有沒有任何脫身的辦法？還沒，但有些甚至更瘋狂的點子。其中一個講到在結凍的量子狀態的物質形成的屏障 —— 換句話說，有點像是以粒子為基礎的冰牆。另外一個解套的點子是，黑洞的形成從來都不成功。相反地，崩塌的恆星會再次「彈起來」，就像在最後一分鐘快速充氣的氣球那樣。另外一個說法是，時間在黑洞裡會往回流，使資訊能回溯。我們只能確定一件事：這些都不對。

有一個比較乏味的解決方法，但也是一個我們至少有機會測試的方法。如果資訊從來沒有真的掉進黑洞裡，而是停留在事件視界的表面，困在時間和空間交換角色的邊界呢？如果資訊停留在那裡，也許我們能看到它是如何被編碼的，並給予我們重大的線索，使我們了解重力和量子如何互相交織。換句話說，我們就能取得量子資料。

驚人的是，提出理論者開始思考如何從這個量子資料（如果真的有的話）中取出精華。目前，他們最大的希望是在重力波的細節當中找到一些什麼。舉例來說，因為兩個黑洞相融所形成的重力波，形狀可能會和黑洞的事件視界上的量子資料有關。這聽起來似乎希望渺茫，確實如此。不過除非有人願意，而且能夠進入黑洞，（也許）在另外一個宇宙裡出現，然後（不太可能）以某種方法把量子資料傳回給我們，那就是我們最大的希望了……

如果要我老實說的話，我喜歡這段討論勝過整部電影。這些是很大的問題，不是嗎？希望我能活得夠久，能看見量子重力學說出現的那天。

我懂你的意思。如果我能為人類做一件事，那一定就是提出那個最終理論，並解釋大爆炸。

如果你能提出任何理論，我想我們都會不勝感激。或者老實說，如果你能提出任何有用的東西就好了。總之，重點回顧：黑洞是真的，而且你真的不會想要掉進去，不過如果你真的掉進去了，你可能——只是可能——會在另外一個宇宙出現……

而且我們絕對需要量子資料，以免有人想要瞧瞧人馬座A*的內部。

我剛剛有一個想法。也許你確實能夠為人類做一件事，邁可……

決戰猩球

PLANET OF THE APES

人類怎麼成為最高等生物的？

其他動物會有取代我們的一天嗎？

我們能製造出超聰明的猩猩嗎？

在開始緊鑼密鼓討論之前，我要先確認一件事：我們講的是1968年的原版，還是暱稱「小馬」的馬克・華伯格（Mark Wahlberg）在2001年演的那部？還是後來新的，什麼崛起和什麼黎明的？

嗯，我之前重看了主張「我超愛槍」的卻爾登・希斯頓*演的原版，看到我覺得我的大腦都開始退化了，那部爛透了。

我們總算意見一致了。不過2001年版的導演提姆・波頓（Tim Burton）也沒拍得比較好。

也許這就是為什麼他會說，他寧願跳窗也不要拍續集吧？

還好沒人要他拍，因為我也寧願跳窗都不想看他拍的續集。

好，不然我們全部一起討論好了。好處是，它們都讓我思考這本書發行前傳的可能性，像是《科學崛起》、《科學黎明》……

---

* 譯註：Charlton Heston，該影星支持槍枝合法化，晚年擔任美國來福槍協會主席。

> 誰是黎明？她要取代我嗎？

> 是就好了。

　　儘管有缺陷，但這部片屬於「要是……」類型的經典。要是人類不是主宰的物種會怎麼樣？要是人猿用我們對待牠們的方式對待我們會怎麼樣？要是其他動物會說話會怎麼樣？要是導演提姆·波頓說過：「不，其他人更適合拍這部片。」會怎麼樣？

　　雖然沒有清楚指明，但這部片的主題其實是演化的考驗與磨難。人類在思考演化時容易犯的重大錯誤是：相信演化有著最終目標。但演化其實並沒有目標。簡單地說，生物 DNA 的隨機改變有時會導致新特徵出現。雖然這些新特徵可能有用，但更常見的情況是，這些都是沒用的特徵。甚至有時候，這些特徵會比沒用還糟，使動物更難以生存。而最棒的特徵會被保留下來，因為它們對生物和環境的關係帶來正面影響，這就是天擇。所以在這場大規模的長期機率遊戲中，我們的第一個問題是：**人類怎麼成為最高等生物？**

走出非洲

> 「最高等」是什麼意思？我認為，如果細菌能夠說話或者思考，它們應該會覺得自己是主宰這個世界的生物類別。

就因為數量大於一切嗎？

對。地球上的微生物數量，是人類的十的二十五次方倍。你身體裡大約有六十兆個單細胞生物存在。

其實這根本不是我的身體吧？我自己的細胞數量都比這個少。

往好處想，你變胖的重量可能都不能怪你。

　　我們最好先發表兩則免責聲明。首先，「最高等」當然是主觀的。我們不是數量最多的物種，但我們是最有影響力的，也是最不受到其他物種威脅的。我們不是說這是一件好事，只是我們是這顆星球上的主要力量 —— 唯一有力量把其他東西搞得亂七八糟的物種，例如……（參見《侏羅紀公園》那章）。

　　第二，我們主要靠的是拼拼湊湊的化石紀錄，這代表在人類的演化以及走上最高位置的過程這方面，我們自認的知識大部分都來自於直覺和推論，而非清楚明白的證據。事實上，證據的立足點（和底下的化石）都非常薄弱。所以，幾乎不可能證明任何單一因素是演化改變的主因，反而通常比較像典型的雞生蛋、蛋生雞問題：我們是為了維持較大的社會群體才出現大腦嗎？或是我們是因為有大腦，才開始在較大的社會群體生存？我們是因為不再彼此互咬，所以牙齒變小了；或是因為我們的牙齒變小了，所以我們才不

再互咬？事實上，事情比這複雜許多，但是——注意，要爆劇情雷了——我們可能永遠不會知道究竟是怎麼一回事。所以，在這些前提下，以下是我們認為人類主宰地球的過程……

兩千萬年前左右，猿類的數量多得要命，至少有一百個物種在閒晃。但是後來多虧世界氣候的改變，原本大範圍的森林面積開始縮小。這對我們猿類朋友來說是個壞消息，因為牠們已經適應了林地生活了。由於牠們偏好的棲息地變少，很多猿類物種跟著滅絕，不過我們這一夥生存下來了（很明顯）。大約七百萬年前，我們對自己和黑猩猩的共同祖先說：「再見了，窩囊廢。」黑猩猩是目前現存與我們血緣最接近的物種。至今人類從未發現過那個祖先的明確化石殘骸，但是我們很有自信地從其他化石證據推論出牠的存在。達爾文認為，牠一定是「毛茸茸、有尾巴的四足獸，可能是樹棲的」。

分道揚鑣之後，我們一直沒有太多的基因分歧——和《決戰猩球》裡那些當家黑猩猩一樣，現代黑猩猩的基因體和人類有百分之九十八·五雷同。* 兩者間有些值得一提的相似性，我們和類人猿每平方英吋的毛髮數量相同，我們有相同的血型種類，牠們的某些行為也讓我們覺得熟悉：黑猩猩會表現出侵略、支持、背叛、性政治、悲傷、自我意識，以及不同團體會有不同的文化習慣等。

對於我們這個物種常見的一個誤解是：我們比其他靈長類更進化。這不是真的，我們只是在家族樹上不同的分支演化而已。黑猩猩和其他人猿就像是我們毛髮茂盛的表兄弟姊妹，牠們也在進化。

---

* 不要太興奮——我們的 DNA 有大約百分之五十和香蕉一樣。

圖4-1 我們的家族歷史

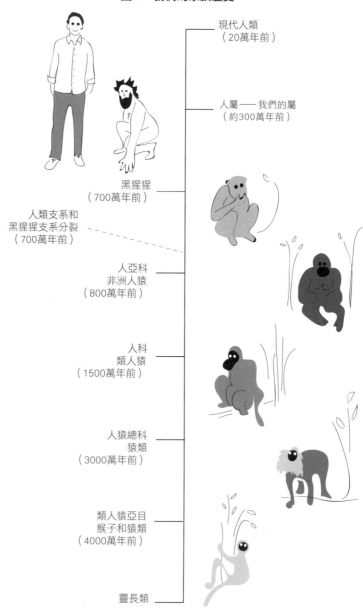

現代人類
（20萬年前）

人屬──我們的屬
（約300萬年前）

黑猩猩
（700萬年前）

人類支系和
黑猩猩支系分裂
（700萬年前）

人亞科
非洲人猿
（800萬年前）

人科
類人猿
（1500萬年前）

人猿總科
猿類
（3000萬年前）

類人猿亞目
猴子和猿類
（4000萬年前）

靈長類

我們不知道，我們的「分支」在家族樹上到底是什麼模樣。我們知道的是，它不是一條簡單的直線，不是一個祖先演化成下一個、再下一個，直到我們成為現代人類這樣，而是有很多向外分支的支系，代表這些各有特色的物種，也就是我們的親戚，很多都生存在相同的時期。這些支系中，只有一個存活了下來，就是大約三百萬年前出現的人屬動物。不只如此，我們還是唯一生存下來的人屬動物。我們肯定在那場演化競賽中奪冠了。

和黑猩猩分道揚鑣後的幾百萬年裡，似乎都沒有什麼特別的事發生。對，人科動物這個群體演化了，但是本質上還是毛茸茸的小人猿，腦不太大，有長手臂和大牙齒，在樹林裡盪來盪去。牠們確實開始用兩隻腳走路（雙足行走），也會到無樹平原上探險覓食，但是毫無後來發展的線索。你當時絕不會看著牠們，心想：「等著瞧吧，這些傢伙以後會上月球的。」

接著，突然之間，牠們開始有條有理了起來。事情發生的順序一如往常的不清不楚，但是我們知道，當時有了不少的發展。你會猜是因為能用兩隻腿跑來跑去，雙手就得空了。三百萬年前，我們的祖先開始留下簡易的石製工具的一些例子，也許就是這些工具為我們的大腦成長鋪了路。一旦你有了銳利的工具，你就不需要銳利的指甲，原本很低階的手部靈巧度也會進步；一旦你開始切割、搗碎食物，你就不需要那麼強壯的下顎肌肉或大牙齒來咬食物。看起來好像不怎麼重要，但這可能是我們出現大腦袋的關鍵，也是我們和黑猩猩親戚最主要的差異。

平均而言，一隻成年黑猩猩的腦是三百四十八公克。相較之下，成人的大腦超過一公斤重：一千三百五十二公克。我們可以安

全地假設，大的腦袋是我們最後成為最高等動物的重要因素之一。

我們的大腦擴張很重要的一個成因是單一基因的幸運突變：MHY16。一般來說，靈長類都有強壯的下顎肌肉，能有效抓住頭的顱骨，限制其生長，而如果你的顱骨不會變大，你的腦也不會，這就是「大腦生長入門」課程。但是 MHY16 的突變，使我們的下顎肌肉改由另一種蛋白質組成，因此變得比較小，顱骨和大腦得以開始變大。如果不是因為發展出石製工具幫助我們處理食物，這可能是一個不利的發展方向。想想看，如果我們的祖先沒有發生這樣的突變，而是其他類人猿的祖先有這種突變，那一定非常離奇，這本書也可能就是兩隻紅毛猩猩寫的了。但你可能也感覺不出差別。

值得一提的是，演化出大的腦袋對雙足動物來說不一定是好消息。首先是分娩問題：雙足動物需要較窄的骨盆，骨盆則會限制能

圖4-2 雙足動物需要較窄的骨盆，因此寶寶出生時頭骨較小，出生後大腦則會快速成長。

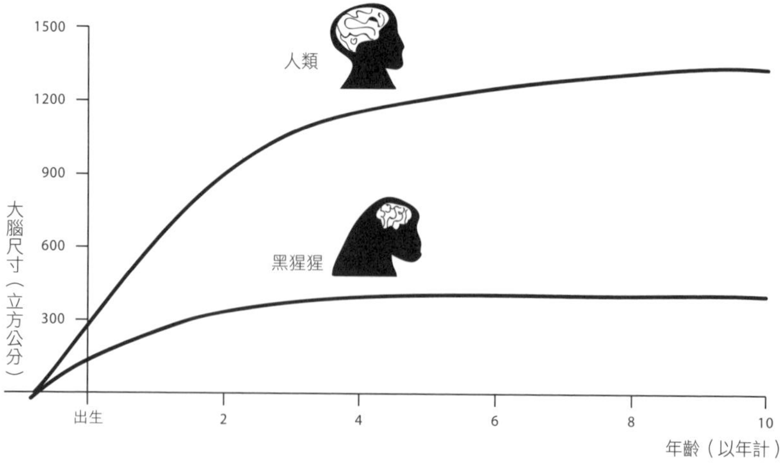

生出來的顱骨尺寸，以免對母親造成致命傷害。演化避開這一點的方法，就是讓人類生出還沒發育完全的寶寶。顱骨會在出生後繼續生長：從零到兩歲，人腦會長成黑猩猩的四倍。

接著是能量的問題：大的腦袋運作的代價很昂貴。現代人類的腦僅占我們身體質量的百分之二，但是會消耗我們百分之二十五的能量。這是一個問題，因為直立行走是我們消化道縮短的因素之一，使得我們從食物中獲取能量較為困難。為了維持我們餓壞的大腦運作，我們必須確實地一天連吃九小時以上的生食，這不只幾乎不可能，還無聊透頂。

我們解決這個問題的方法就是熟食。生食需要大量的咀嚼和消化的力氣才能將食物分解為能量。但是大約一百萬年前，我們開始用火。沒過多久，史前時代的名廚傑米‧奧利佛（Jamie Oliver）就出現了，並且如火如荼地大展身手。烹飪的過程會分解食物，使其成為容易吸收的糖分，幾乎像是體外的胃一樣，讓我們縮短的消化道得以延伸。同樣地，我們再也不想念強壯的下顎了，因為我們再也不需要用力咀嚼。

熟食改變了很多事。其中一項額外福利就是火使得掠食者遠離我們。我們不需要在夜晚躲進樹林裡，可以留在地面上而不需擔心被攻擊。隨著每一口吃到的能量更多，我們再也不需要在清醒的時時刻刻進食。空出的時間可以做別的事，像是形成社交連結，實現分工，使生活更輕鬆。尤其重要的是，我們可以分擔照顧小孩的責任，使得我們能在更短的時間內生更多的小孩 —— 如果你要演化的話，這可是很方便的事。更多的時間也代表我們能發展專門能力：採集根莖、製作工具，或是讓我們吃飽飽的大腦發揮創意，使

用新的狩獵形式等等。

到了某個階段，我們開始用一些時髦的新工具來狩獵。拋射型的武器（基本上就是丟出磨利的小石塊）代表我們能打敗一些大型動物，吃掉牠們的血肉。這有助於為大腦提供養分和能量，使它更進一步生長。有良好的武器可使用，也代表你能殺掉其他人科動物，就算比你高大強壯的也不例外，這可能多多少少使大家得以平等競爭，也鼓勵我們的祖先群體彼此好好相處。於是會出現大型社交團體，我們的大腦也能記住誰是誰、他們可能會有的想法，以及在吵架的時候應該站在哪一邊。這很重要，因為你可不想發現自己在這個世界裡被排擠，然後沒有火、沒有遮蔽處，成為無樹平原上牙尖嘴利的大貓、土狼等動物能輕鬆捕獲的獵物。被團體排擠幾乎等於必死無疑。

具備大量處理能力的大腦袋有另外一個好處，它提供了複雜的口說語言出現的方法。語言當然不會變成化石（行為就是這麼討厭——它們不會變成石頭），所以我們只能根據知識猜測它的起源。不過，其他靈長類在喉頭有一個像氣球的附屬器官，使牠們能發出極大的隆隆威嚇聲，但我們似乎在至少六十萬年前就失去了這個器官。這樣的發展可能是我們能形成更明確的聲音，最後成為話語的原因之一。

我們的 FOXP2 基因也有一種特殊的變異，似乎有助於協調說話時複雜的運動機制。我們相信這大約是五十五萬多年前發生的。當然了，形成話語的生理能力不一定暗示有人能進行深度的談話，他們可能只是在營火旁邊唱歌，建立一種連結。話雖如此，成熟的工具製作以及團體狩獵活動，至少應該需要某種形式的基本溝通。

所以，關於語言的起源，我們最多也只能提出一個滿不精準的推估時間：大約是一百六十萬年前到六十萬年前之間。

不論語言是如何以及何時出現的，顯然都是人類故事的關鍵要素。沒有語言，我們所知道的社會就不可能存在。在語言出現之前，演化和環境控制了我們的命運，文化改變也受到極大的限制，世世代代的資訊傳遞，都只能透過我們的基因體進行。但是有了語言，我們就能隨意分享大量的知識。我們不再自己去適應環境，而是讓環境適應我們。

接著，我們傳遞資訊給較年輕的成員，他們就能繼續沿用長者的經驗。這一切創造出一個最終能夠生存的社會，也幾乎免於受到天擇的壓力影響。這在動物界是獨一無二的。

我們就是這樣走到這一步的。利用工具、熟食、語言，以及最重要的，我們頭上的那個大型資訊處理器。但是我們會維持在最高的地位嗎？這就是第二個問題：**我們會被其他物種取代嗎？**

生命的輸家之一

還有一個「要是……」。在波頓開拍之前，2001年版的電影其實有一份有望執導的導演花名冊，包括艾倫・瑞夫金（Alan Rifkin）、彼得・傑克森（Peter Jackson）、奧立佛・史東（Oliver Stone）、克里斯・哥倫布（Chris Columbus）、羅蘭・艾墨瑞克（Roland Emmerich）、山姆・萊米（Sam Raimi），還有麥可・貝（Michael Bay）都名列其中。要是他們其中一人接下導演會怎麼樣？

嗯，首先波頓和海倫娜·波漢卡特（Helena Bonham-Carter）夫妻可能永遠不會認識，這樣一來，我們也不用忍受扭曲版的《瘋狂理髮師》＊電影。

他們也許會在別的地方認識。

但他就不會看到她穿著「可愛的人猿」道具服。我想那大概就是他心動的原因。

　　波頓版的《決戰猩球》有一個很特殊的地方：片中的靈長類有能力在陸地上跳躍，彷彿牠們腳下是一張彈跳床一樣。每次有戰鬥發生，黑猩猩一跳就能越過叢林十二公尺，躍入戰場。

　　顯然，黑猩猩是做不到這種事的。但是和人類相比，牠們可說是運動高手。其實和所有動物一比，人類都顯得是很可悲的動物。我們既不特別強壯，跑得也不快；我們沒有保護身體的防護層，指尖也沒有致命的武器。裸身、沒有武器的人類，一旦面對飢餓的獅子、憤怒的大猩猩，或是任何一種心情的巨蚺（boa constrictor），都沒有任何勝算。這些動物當然能贏過我們，把我們吃乾抹淨，搶走我們的生態位＊＊吧？

　　這個嘛，要看牠們能不能和我們的智慧和科技相競爭了。其他

＊ 譯註：*Sweeney Todd*，原為百老匯音樂劇，2007 年提姆·波頓執導電影版，由強尼·戴普（Johnny Depp）與海倫娜·波漢卡特主演。

＊＊ 譯註：ecological niche，一個物種所處的環境以及其本身生活習性的總稱。

物種絕對有能力使用非常初級的「技術」。比方說，在黑猩猩界就有豐富的使用工具紀錄，人類已觀察到牠們會用牙齒磨利樹枝，用來獵殺叢猴（bush baby）；有些海豚在海床上覓食的時候，會用海綿來保護自己的嘴部；新喀鴉（New Caledonian crow）也會用樹葉或樹枝製作工具，取得食物。

在原版《決戰猩球》裡消失的，還有我們的另外一大優勢：語言。畢竟，語言使我們能夠散布知識，教育彼此和下一代，是重大的生存技巧。

同樣地，很多物種身上也有這種優勢的源頭。很多動物都能彼此溝通，鯨魚會唱歌，蜜蜂會跳舞，海豚顯然會幫彼此取名字（還會背後說對方壞話）；我們也已經教會黑猩猩手語，烏賊會利用顏色和圖樣溝通，長尾黑顎猴（vervet monkey）則會根據接近的掠食者種類，發出不同類型的示警叫聲。

然而，大部分的野外研究人員都不會說這些確實是「語言」。這肯定不是我們認定範圍內的語言：我們溝通的豐富性使我們能傳遞複雜的訊息給同儕與孩子。就我們理解，其他動物在這方面的能力，完全稱不上已發展完成。這也幾乎能肯定是人類之所以會有如此龐大的數量，分布在全球各地，隨意塑造（或是踐踏）環境的原因。

如果這樣的階級要改變，必定是發生了劇烈的顛覆情況。雖然有各式各樣來自自然界的可能原因，但是最有可能的威脅卻來自於內部：不顧一切的全面核戰，或是基因工程創造的超級病毒逃離實驗室。（後者比你預期的更容易發生，在《28天毀滅倒數》那章就知道了）

所以我們先看第一個選項，如果人類在核戰中自取滅亡，消滅

可能毀滅我們的東西

我們現在是最高等的生物，但這可不是自滿的時候。

太陽擴張，吞沒地球
發生時間：五十億年
威脅等級：11 —— 保證消滅一切
解決方案：現在立刻馬上規劃飛往其他星系的路線

全球核子戰爭
發生時間：總是令人擔心的一觸即發
威脅等級：8 —— 有些生命（可能是人類）會活下來
解決方案：開始為你的地窖包一層鉛

小行星撞擊
發生時間：無法預測，但下一個世紀應該不會發生
威脅等級：9 —— 問恐龍就知道了
解決方案：布魯斯 · 威利 *

討厭的病毒大流行
發生時間：隨時
威脅等級：7 —— 非常麻煩的感冒，會殺死數百萬人
解決方案：住在隔離室，放棄所有的人際接觸

模擬器關機
發生時間：抱歉，可能隨時發生（見《駭客任務》那章）

---

* 譯註：暗示 1998 年電影《世界末日》（*Armageddon*）劇情，由布魯斯 · 威利前往即將撞上地球的小行星進行爆破。

威脅等級：如果我們活在模擬世界裡就是10；如果不是，就是0
解決方案：不要再討論活在模擬世界的事 —— 這樣可能會惹火它們

人工智慧取代我們
發生時間：已經發生了。可能吧（見《人造意識》那章）
威脅等級：6 —— 我們可以把它們關機
解決方案：讓它們忙著下圍棋和玩古老的雅達利電動遊戲

了所有大型哺乳類，接下來會怎麼樣？誰會崛起當家？

　　雖然我們知道海豚和鯨魚已經表現出高度的智慧，牠們也可能會在毀滅人類的事件後存活（並大量繁殖），但是我們很想排除所有水中生物的選項。海豚雖然有把海綿放在嘴上的創新行為，但牠們沒有任何接近「手」的東西，真的能操控牠們自己的環境嗎？除此之外，牠們也不是能開始用火的立場，原因非常明顯。而火非常重要，不只是因為火能讓更多食物的能量維持大腦生長而已，更進一步來說，除非牠們想困在第二次石器時代，否則海豚就必須開始精煉金屬，製作金屬工具以及攝政時期的花園桌椅 *。

　　話雖如此，有一種海洋動物倒是值得我們插賭下個注：章魚。這種動物好像挺聰明的。牠們能解決問題，還能以驚人的靈巧程度操作物體，可以用觸手打開罐子，還能在水底建造遮蔽處。有些章魚甚至可以在陸地上移動。所以，如果有充分的時間和機會，誰說章魚不會滴滴答答地成群從水中爬出，抓到某個火種呢？

---

* 譯註：十九世紀家具風格，此處指一般常見花園中，上了白漆的金屬桌椅。

不過呢，如果發生的不是核戰，而是某種針對特定物種的病毒，僅僅奪走人類的性命，那麼看來黑猩猩還是最有可能取代我們生態位的候選人。牠們是我們現存血緣最近的生物，因此就定義上而言，牠們和我們相差最小。當然，如果黑猩猩真的生存下來了，也沒有辦法保證牠們會進入我們的生態位；就算牠們真的進入我們的生態位，我們也不知道牠們會不會演化出像人類的智慧。如果這也成真，那也要好幾百萬年的時間，而且還得排除各式各樣的災難：超級火山爆發，或是另一顆大型小行星撞上地球 —— 這不只中斷新的智慧物種演化過程，最有可能的是滅絕整個物種，所以又會是一次重開機了。

當然，在世界末日後的情境中，絕對有可能是最後沒有任何有智慧的生命能主宰地球，因為我們不知道人類等級的智慧究竟是不是演化必然的結果。畢竟，恐龍都主宰了地球一億六千萬年，而幾乎沒有證據顯示智慧是牠們演化成功的關鍵。少了有智慧的生物，世界會不會變成一個奇怪的地方呢？完全不是這樣。事實上，你能提出完全相反的論點：在有智慧的物種主宰下，現在的世界是一個奇怪的地方。在二十萬年前，現代人類開始當家之前，從來沒有單一物種主宰過地球。數百萬年來，各地都有不同的食物鏈頂端掠食者：多元的生態系統和多元的動物，沒有任何動物能像人類這樣，自認是萬物的主人。所以，在人類消失後，很明顯的情況會是地球和其他生物都鬆了一口氣，一切回歸原本的模樣。

另一個值得考慮的可能性，是智人（*Homo sapiens*）的物種形成（speciate，即物種一分為二的過程）。演化現在也還在人類身上發生：我們可以追蹤突變的基因，這些基因的混合前所未見，因為人類在

鼠輩崛起

在《祖先傳說》（*The Ancestor's Tale*）一書中，作者理查·道金斯（Richard Dawkins）認為核戰會消滅全世界的大型哺乳動物，代表黑猩猩也不在了，那誰會取代人類？可能是老鼠。如同在毀滅恐龍的小行星撞擊後生存下來的小型哺乳類，老鼠也夠小，可以在核戰中找到地方躲藏。牠們是人類滅亡後的終極拾荒者。

當然，沒有動物會預先適應未來的環境，所以老鼠的適應也會發生得很慢。然而，身為一個繁殖速度快得令人髮指的生物可能也挺方便的：基因體的突變率比較高，因此有利的適應會比較快出現。這使得牠們在起跑點就有優勢，能充分利用被炸開大洞的生態位。基於上述原因，以及牠們一點都不挑食的習性，牠們的數量將會爆炸。

末日後的平靜不會維持太久。最後，豐富的食物也會被消耗殆盡，老鼠必須開始自相殘殺。但是激烈的生存競賽和快速的世代交替，又是另一種對演化有利的組合。最重要的是，老鼠的族群數量會再次彼此獨立發展 —— 因為牠們不會再搭船偷渡了 —— 所以牠們會演化成各自獨立的族群。這很有可能會導致演化上的分歧，各自進入可取得的生態位。

那會發生什麼事呢？嗯，可能有些會變大。齧齒動物的型態是可以長得很大的：三百萬年前曾經出現怪獸般的齧齒動物，體重達一公噸，名為莫氏國父水豚（*Josephoartigasia monesi*，又譯為「莫尼西」）。隨著較大型的物種消失，小型的物種會把握良機，所以可能會有大量的草食鼠類被巨齒掠食型的老鼠獵捕。真是令人愉快的討論啊。甚至可能會有具智慧的鼠類出現，使得齧齒類歷史學家和科學家崛起，並如同道金斯所說，試圖「重建使鼠類能安心休息的特定且暫時的悲劇情況」。

世界各地的往來流動也是前所未有的。但我們似乎沒有分出別的物種，因為天擇的壓力並不存在。我們已經使環境適應我們，而非反過來適應環境。科技讓我們能在基因沒有重大改變的情況下依舊大量繁衍。* 但是如果有新的、極不尋常的生態位出現，會怎麼樣？

有一個可能性，那就是我們在《絕地救援》那章討論到的：我們移民到了紅色星球。這就會帶來非常有意思的可能性了。火星上的人口會和地球上的人充分隔離，火星的環境當然也很不一樣——首先就是重力微弱很多，而且會暴露在大量導致基因突變的輻射當中。換句話說，促使人類形成新物種的條件非常優良。火星可能會是我們在銀河中的加拉巴哥群島 **。也許，數千年之後，這種新的人屬動物會回到母星，這個無聊的老智人種別無選擇過活的地球。新來的應該會想要占據幾乎相同的生態位，也許能輕易擊敗我們，滅絕我們。

如果你覺得這不會發生，不如想想尼安德塔人（Neanderthal）或丹尼索瓦人（Denisovan）的歷史，或任何一種早期的人類。我們曾和他們在這座星球上共存，但最後他們都消失了。你是否想過，為什麼我們會覺得自己和動物界的其他生命如此與眾不同呢？也許——這還只是「也許」而已——是因為我們殺光了我們所有的近親。

非人類要奪走我們的地位，有另外一個方法。以我們顯而易見的聰明才智，以及殘忍無情的自衛本能來看，我們很有可能會被某種自己創造出來的生物（或非生物——見《人造意識》那章）給取

---

* 我們當然也可能和機器合而為一，那就會是很大的改變了。

** 譯註：Galapagos，達爾文就是在這個與世隔絕的島上，看到許多世界上獨一無二的生物與植物，才得到靈感，提出適應環境、物競天擇的演化論。

代。追求人類疾病解藥的醫學研究者有一套新的工具，可以縮短人類和黑猩猩這種現存和我們關係最近的親戚間的距離。所以，《猩球崛起》（*Rise of the Planet of the Apes*）的劇情會不會意外成真呢？這是我們的第三個問題：**我們能不能製造出超聰明的黑猩猩？**

有樣學樣的猴子

為什麼我們還沒講到地球被占領的可能性？或者其實不是「猩球」，是「葡萄球」*？

很好。首先，雖然植物的光合作用非常厲害，但是它們產生的能量非常低，所以無法發展出大腦。第二，它們沒有能量能自由移動到足以造成威脅的程度。

那食肉植物星球呢？它們和最成功的動物有相同的能量獲取方式，它們也沒有根，因為吃昆蟲就能獲得水分和養分了。所以它們可能演化出大腦，以及移動的能力啊。

所以《異形奇花》**那部電影是有可能的？

---

* 譯註：人猿類的英文是 ape，葡萄的英文是 grape，拼字接近。
** 譯註：*Little Shop of Horrors*，故事內容是關於一位花店助理，他愛上了同事奧黛莉卻一直不敢表達心意，但某次在無意間得到一盆奇異的美麗盆栽，於是取名為「奧黛莉二世」；然而，不久後他便發現這個盆栽是以吸血維生。

其實我心裡想的是《食人樹》*那部片。這種差異正說明了我們各自的個性。

如果有其他物種能演化出高等智能，那會很令人興奮。然而這種事要自然而然地發生，卻有一些很明顯的障礙。首先，我們剛剛討論過，人類幾乎一定必須要絕種才行。第二，對，演化很厲害，但說得再多，它就真的需要很漫長的時間才會有點眉目，我們沒有那麼久的時間跟它耗。

所以我們必須走捷徑。想提高其他動物的智力，我們最大的勝算，似乎就只是讓牠們的腦變得比較像人類一點。其中一個辦法就是創造出人類「嵌合體」（chimeras），意思是把人類組織（基因或細胞，有用的就對了）放到其他動物體內，或是使其在動物體內生長。我們已經在計劃使其他動物體內生長人類器官，用於人體移植。舉例來說，我們認為在豬的身上長出人類心臟或肝臟應該是可行的。目前沒有人計劃（或是承認自己正在計劃）在其他動物身上生長人類的大腦，因為這可能會導致一籮筐的倫理問題。不過，我們也許能對黑猩猩的大腦做點手腳，使牠們在天平上朝向靠近人類的那端移動。

黑猩猩和人類的大腦最明顯的差異，就是互相連結的神經元數量不同——七十億比八百六十億。所以增加黑猩猩智力的第一條路，就是用某個方法大量增加黑猩猩腦中完全連線的神經元。這也

---

* 譯註：*Day of the Triffids*，劇情為石油短缺時，科學家運用基因改造，發明一種可以榨油的肉食植物，以供應民生所需。這種植物擁有會移動的根部，觸手還可以用來獵食。某日太陽風暴來襲，在強光的一瞬間，人類變成盲人，大批榨油植物失控出走，並以人類為糧食。

圖4-3 如何在豬身上長出人類器官

從需要器官移植者的身上取得幹細胞。寫細改胞，使其得以生長成任何需要的器官。

對豬的胚胎進行基因改造，缺少生長成特定器官的細胞。注入人類幹細胞到豬隻的胚胎中。

豬成長的過程中，幹細胞會遞補缺少的器官，長成人類版的該器官。

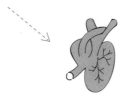

長出的器官可從豬隻身上取出，用以移植。

許能靠修改基因體，讓大腦在生長時發展出更多神經元來達到。或者像是 2011 年的前傳《猩球崛起》的劇情，你可以利用神經幹細胞，也就是專門生長為大腦細胞的細胞，使黑猩猩的腦袋採用這些細胞來生長。

在《猩球崛起》裡，詹姆斯·法蘭柯（James Franco）研究阿茲海默症的基因療法，這種疾病會殺死腦中的特定神經元，嚴重影響記憶和其他認知功能。目前我們希望能處理或治療這種疾病的方法之一，就是在實驗室裡生長出新的神經元，再放入患病的大腦中。

這種「細胞置換療法」（cell replacement therapy）正如所有先進的技術，都必須經過測試。我們不能直接在人類身上進行初期測試，因為，嗯，這有點冒險。

所以在電影裡，法蘭柯用的是黑猩猩。身為與我們血緣最近的親屬，牠們的大腦堪稱人腦的解碼指南，因此很有可能帶來實質的成果。先不管在靈長類身上測試這些東西的道德爭議 —— 這在英國是非法，但在美國則是合法的，唯一不能測試的對象是黑猩猩 —— 最大的問題在於，人類基因物質到底會對動物造成什麼樣的影響？尤其是對方一開始就已經和人類非常相似。

這個大問題，已經得到一些滿重大的答案了。記得前面說過的 FOXP2 基因嗎？這是與人類的說話能力和語言發展有關的基因。研究人員已經把它疊接到某些老鼠胚胎正在發育的腦中了。結果，說來奇怪：這些老鼠成長了，而且在某些條件下，有著更進步的學習能力。牠們沒有突然開始說話，但是牠們的叫聲的確和平常的老鼠有一點點不同。

這是單一人類基因在老鼠的認知能力上造成清楚、可測試的效果，而且只是冰山一角而已。聽起來可能很像是幻想，但是老鼠已經透過基因工程，得到半人類的腦子了。這麼做不是只為了好玩而已，而是為了研究人腦疾病。這些經過基因轉植的老鼠雖然有著傳統的老鼠神經元 —— 負責真正思考的細胞 —— 但牠們支持神經系統的膠細胞（glial cell），幾乎全部都是人類的。膠細胞本身不會傳導電脈衝，但是它們會為傳導電脈衝的神經元提供絕緣，所以這基本上是一個獲得人類細胞支援的老鼠腦。

在老鼠的測試結果中可以看到，這些人類膠細胞比老鼠膠細胞

有人想喝大腦湯嗎？

神經元是大腦中功能處理的單元。神經元愈多，認知處理的能力就愈強。所以你可能會合理地假設，大腦愈大，動物就愈聰明。

廣義來說，這個假設大約正確。但是，神經元的數量也有關係。長久以來，大家都同意並且經常引用這個數據：人腦有一千億個神經元。但是當神經科學家蘇珊娜．賀古拉奴—霍札（Suzana Herculano-Houzel）查證這個資訊的源頭時，她卻一無所獲，幾乎就像這數字捏造出來的一樣。是不是因為沒有人真的想認真去算過呢？好像是。真是懶惰的科學家。

賀古拉奴—霍札不因此卻步，她想出了一個辦法：取得一個大腦灰質的樣本，用酸溶解神經元細胞膜，留下漂浮的細胞核在液體中悠游。嗯，真是美味的大腦湯。接著，她搖晃這個樣本，讓細胞核同質分布，然後計算特定體積內的細胞核。簡單的算數讓她得出，人腦平均的神經元數量是八百六十億個。我們不如自己曾經以為的那樣聰明。

不過，就體積而言，人腦的神經元還是多得不得了。這是因為靈長類的神經元有一個特別的地方：靈長類的腦變大時，神經元的尺寸不會變，代表變大的腦的處理能力也會增加。其他生物就不是這樣了。以齧齒類動物為例，隨著牠們的腦變大，神經元也會變大。所以就算一隻老鼠的腦長得和人一樣大，大約是一‧三公斤，牠還是不會和人類一樣聰明。經過計算，老鼠需要一個三十六公斤重的腦，神經元的數量才會和人類一樣。這是不可能的，因為這樣牠會先被自己的重量壓垮。另外，這樣的一個腦也必須存在於一隻大得嚇死的人老鼠身上：老鼠的體重必須達到八十九公噸，大約是一隻小藍鯨的體重。

大很多，也更能協調神經訊號。研究人員史提夫‧高德曼（Steve Goldman）表示，獲得這些細胞的老鼠「在統計上比對照組的老鼠

聰明非常多」。

　　所以，是什麼阻止了這種研究在猴子身上進行？或是在我們最親近的靈長類親戚身上進行？嗯，結果是科學家自己。他們踩了急煞車。他們怕如果把大量的人類腦細胞放到靈長類的腦中，可能會創造出一種有著人類特有能力的生物。研究人員很快就指出，不知怎麼的，獲得人類能力強化的老鼠並不是變得更像人類，而是人類細胞「改善了老鼠自身神經網絡的效率」。但是，在靈長類身上可能就是另外一回事了，而且如果你把人類的 DNA 植入靈長類的胚胎裡，那就更不一樣了。結果可能會出現一隻自我意識和人類相等的人猿，一隻會像我們一樣感到痛苦的人猿。而我們自然會對於在這麼一隻野獸身上進行實驗感到不自在。

　　這不只是一個抽象的顧慮而已，我們不知道是否有任何人目前在進行人猿認知功能強化的研究，但是技術能力已經不是問題。而且，將人類大腦缺陷植入猴子腦的實驗也絕對正在持續進行。

　　最早接受基因改造的猴子出生於 2002 年 10 月，是一隻叫做安迪 * 的恆河猴。安迪當初的未受精卵中被嵌入了一個簡單的遺傳標記。這證明了，嵌入和特定醫學狀況有關的基因是可能的。結果確實如此。在 2008 年，一個研究團隊將致死的亨丁頓氏舞蹈症（Huntington's disease）的基因，疊接在彌猴的卵的 DNA 上。為了確保這次的基因嵌入成功，他們也疊接了一個標記：會製造螢光綠蛋白質的水母基因。一如預期，有五隻亮綠色的彌猴寶寶誕生，但其中只有兩隻活超過一個月。

---

* 它不只是個可愛的名字，而是「已嵌入 DNA」的英文 Inserted-DNA 的字首縮寫 IDNA 倒過來：ANDI。

　　日本 —— 這裡對靈長類研究的反對力道最弱 —— 已經改造出了最早有帕金森氏症的猴子。絨猿（marmoset）已經有和該疾病有關的單一基因在牠們的基因體內突變，相關的症狀也悄悄在牠們身上表現出來，其中包括最具特徵的顫抖。

　　科學家為自己辯護的理由顯而易見：透過將人類的基因資訊和「動物模型」做結合，有可能會找到辦法，治療危及人類存活的疾病。但是，既然我們已經把人類基因缺陷弄到猴子身上，也在其他動物身上生長人類細胞，那麼我們把人腦細胞放到血緣最近的親戚身上，恐怕也只是遲早的事。可能很快就會有某人在某處，做出真實版的凱撒（Caesar），那隻在《猩球崛起》中超級聰明的黑猩猩。

　　我們在此應該說一個警示故事，雖然內容牽涉到的是雞還有鵪鶉，但我們應該從中得到教訓，不該像頑皮的猴子那樣和人猿胡鬧。哈佛大學的伊凡・巴拉班（Evan Balaban）把鵪鶉胚胎的腦細胞取出，注射到在蛋裡的胚胎小雞腦中。這些小雞後來孵化了，雖然外行人看起來，這些小雞就是雞，但是巴拉班還是在牠們的喙子塗了一層螢光漆。這不是因為他是怪人，是因為這樣他才能觀察牠們的頭部運動。奇怪的地方來了：這些小雞會像鵪鶉一樣，快速來回擺動牠們的頭。而且牠們的叫聲也像鵪鶉。那些鵪鶉的腦細胞在某處、以某種方式主宰了小雞。

　　所以事情又更撲朔迷離了。我們能把多少的人腦細胞放到動物的腦中，才不至於使動物開始表現出人類特徵或行為？黑猩猩會不會有足夠的人類細胞，得以發展出人類的意識？我們能對那樣的情況不以為意嗎？這些問題的答案是：（一）我們不知道；（二）應該會；（三）可能不會。換句話說，我們小心點，好嗎？

嗯,說得很清楚了。基本上,我們之所以是最高等的生物,只是因為我們剛好腦袋長得比較大,而且我們使用大腦的方式,可能會讓我們慘敗在一隻有魅力又超級聰明的黑猩猩手下。

那樣真的很可怕嗎?凱撒似乎知道自己在做什麼。我覺得牠的腦袋比我們現在很多人類領袖還清楚。

你會開心地選一位人類和黑猩猩的嵌合體做領袖嗎?

至少情況不對時,你會知道大便是誰扔的*。

---

* 譯註:黑猩猩有扔大便的行為。衍生為「知道罪魁禍首」的意思。

回到未來
BACK TO THE FUTURE

我們能穿越時間嗎？

時光機如何製造？

你能在歷史中抹殺自己的存在嗎？

三部曲裡，你最喜歡的是哪一部？

 當然是最開始的那集了。

但是最開始的是哪一集呢？照時間順序來說，第三集的內容才是最早發生的事。因為背景是1885年的西部時代。

 拜託，你這個愛賣弄的討厭鬼，我說的當然是最先拍的那一集。有海底世界主題舞會、利比亞恐怖分子、在樹上偷窺的窩囊廢老爸 —— 那是經典啊。

呃，那個怪老爸沒有演員本人那麼怪。克斯賓·葛洛佛（Crispin Glover）後來拍了一些半色情的藝術電影，還巡迴世界演講，名為「克斯賓·赫利安·葛洛佛的大投影片秀」。

 那是什麼鬼？

根據他的網站，是「一小時的說書，將講述他多年來完成的八本圖文並茂的書籍內容」。

 他現在應該是一個人獨居吧？

對。

　　這部電影真的不需要多做介紹了。這部在 1985 年以時光旅行為主題的傑作，年代已經十分久遠，就連在續集中所謂的「遙遠未來」，早已是過去的 2015 年了。米高・福克斯（Michael J. Fox）飾演的青少年馬蒂・麥佛萊（Marty McFly），被轉移到 1955 年的時空，意外破壞了父母的戀情，進而威脅到自身的存在。劇情引發了社會對於時光旅行固有悖論的討論，但比較少人分析片中裝在迪羅倫車上、使其成為時光機的「通量電容器」（flux capacitor）。根據發明者艾默・布朗（Emmett Brown）博士（由克里斯多福・洛依德〔Christopher Lloyd〕飾演，他的精采演出令人難忘）的說明，這個電容器只需要「一・二一百萬瓩」的能量就能啟動。我們認為，這是一個可能的機制，也沒有破壞已知的物理法則。

　　不過，《回到未來》其實一點也不創新。穿越時光是科幻題材的大宗，早在 1895 年，英國作家赫伯特・喬治・威爾斯（Herbert George Wells）就在作品《時光機器》（*The Time Machine*）中，創造出了「時間旅行者」的角色。於是我們要問的，顯然是一個新手級的問題：**我們能穿越時間嗎？**

帶我回去

你覺得自己最像《回到未來》裡哪個角色？

當然是布朗博士啊。超級聰明,卻被世人誤解。

說真的啦,你覺得自己像誰?

我剛剛說了,博士啊。

我再問最後一次。你老實說。

好啦,我覺得自己像惡霸畢夫(Biff)。

沒那麼難承認嘛,對吧?

時間是個奇怪的東西。因為愛因斯坦*的狹義與廣義相對論就是這麼告訴我們。如同在《星際效應》那章裡看到的,這兩種相對論都顯示時間是可以被扭曲的,也能變慢或加速。

布朗博士一定也會告訴你:先考慮狹義相對論。這是愛因斯坦在他 1905 年的「奇蹟年」提出的理論之一,那一年他發表了一系列影響深遠的驚人論文,改變了很多我們在物理學上最習以為常的觀念。

---

* 這裡說的是那位科學家,不是電影裡那條狗。

狹義相對論的中心思想是： 光速是恆久不變的常數。什麼意思？簡單來說，如果有一輛車頭燈亮著的車，與你同方向經過你身邊。相對於你，光會以光速 c 前進，而不是 c 加上車速。同樣地，如果車子和你反方向前進，車頭燈的光還是會以 c 的速度到達你這裡，而不是 c 減去車子的速度。

如果你不覺得光速不變聽起來很激進，那是因為你還沒搞懂它的言外之意。速度是每一單位時間涵蓋的距離，所以 c 維持不變，其實就是打亂了距離和（或）時間。在愛因斯坦的宇宙裡，測量到的時間長度以及時間間隔，都必須根據運動狀態而改變。太胡鬧了。

而距離這個東西是相對無趣的，代表的只是，如果瑞克以接近光速的速度，用超人姿勢飛過邁可身邊，那麼邁可測量到的瑞克身高（也可以說是長度），會比瑞克自己量他的偉大身高少非常多。瑞克只要以光速的百分之四十前進，就能讓邁可量到的身高和他自己量的結果相同。當然，瑞克一定會提出異議，因為他自己量到的身高一定都是雄壯的一九五公分。

好，所以這有點奇怪。但是，如果你比較的是你在地球上測量流逝時間的結果，和飛越地球的太空船上的測量結果，那你就知道尺的問題根本不足掛齒。

為了要讓所有觀察者的宇宙物理學一致，在太空船上的時間流逝速度，會比在地球上慢很多。不論你選擇用什麼方式測量，這一點都是成立的。假設瑞克留在地球上，邁可在太空船上，並以接近光速的速度發射到外太空裡，那麼在太空船上的鐘，走得會比在地球上的瑞克的手錶來得慢。但這具有更深層的意義：邁可的生理時鐘也比瑞克的慢許多，所以他真的會老得比較慢。邁可不會注意

到，一切感覺都非常正常，可是當他以百分之九十九的光速移動接近十八個月之後，在他回到地球時，兩人之間最終會有接近十歲的差距。

如果我們追究這種科學理論的細節，會發現實際上並不是這樣的，因為有加速、減速、回頭等狀況，但是你知道大致的觀念是如此。線性的、無法改變的時間流逝觀念已經過時了。

所以，我們要怎麼處理愛因斯坦的禮物？這個嘛，從狹義相對論來思考，這其實沒什麼大不了的。我們能做的就是試著用非常非常快的速度移動，進入那些沒有和我們一起旅行的人的未來，像是要邁可去進行時光旅行，讓自己變得和瑞克年紀相同。

唯一真的做到這件事的是太空人。長時間生活在軌道上，代表他們繞著地球轉的速度，會比在地球表面的我們移動速度快上許多＊。比方說，在國際太空站待六個月，相對於在地球的朋友，你會比他們多出了〇‧〇〇七秒。全球定位系統（GPS）的衛星以每小時一萬四千公里的速度繞行地球，如果你可以坐在上面，那你每天都會比人家多幾毫秒。不過目前為止，最多只有人獲得額外的〇‧〇二秒。這是俄國太空人謝爾蓋‧克里卡列夫（Sergei Krikalev）在派對上最棒的話題了，他在軌道上待了八〇三天。老實說，多出來的時間，大概也不夠讓他在酒吧喝醉，不是嗎？

廣義相對論使時光旅行較容易成真。首先，時間在較強大的重力場流逝得比較慢。在地球上，這代表你離地球中心愈遠，你老得就愈快，所以住在摩天大樓會老得比較快。事實上，光是長得比較

＊ 譯註：太空站繞行地球的速度大於地球自轉的速度。

你媽媽……

穿越時光讓事情變得複雜──有時候太複雜了。例如，要讓《回到未來》順利開拍就不是很容易。雖然史匹柏這些才子都非常喜愛編劇巴伯‧蓋爾（Bob Gale）和編導羅勃‧辛密克斯（Robert Zemeckis）創作的這個劇本，但是他們顯然有充分的理由裹足不前。迪士尼公司的理由非常特別：電影公司認為本片劇情妨害風化，因為馬蒂的母親在每一幕都想推倒他。

不過《回到未來》也不是史上基因風險最高的穿越時光電影。2014年的《超時空攔截》（*Predestination*，由《千鈞一髮》的伊森‧霍克〔Ethan Hawke〕主演）絕對是這個頭銜的得主。片中主角利用時光旅行製造出非常多不同版本的自己，而且不是很簡單明瞭：他是自己的母親、父親、兒子及女兒……。劇情的性別轉換，感覺很酷又有現代感，但是事實上，這部片是改編自美國科幻小說之父羅伯特‧海萊因（Robert Heinlein）1954年的短篇小說〈行屍走肉〉（*All You Zombies*）。當時有些人認為這故事太超過了，例如《花花公子》雜誌的編輯就因為覺得情節太噁心，回絕了刊出這篇故事的機會。

高就足以加速衰老了。如果邁可和瑞克都活到八十歲，那麼在他們活著的時間裡，邁可大約會比瑞克多得到十億分之五十秒。

說句公道話，這點時差瑞克只要保養一下就可以解決了，而且也不可能輕輕鬆鬆就讓任何人回到未來。要回到未來，你需要物理學家所謂的「封閉類時曲線」（closed time-like curve）。

愛因斯坦的廣義相對論說，宇宙在由空間和時間組成的舞臺上演出它的故事，而我們在《星際效應》中學到，這個我們稱之為「時空」的舞臺必然是彎曲的。任何質量與能量都會扭曲時空，如

果質量與能量夠集中，那樣的扭曲可能會變得非常極端。

這些在空間中的扭曲，正是造成行星沿著彎曲的彈道（也就是我們所謂的「軌道」）移動的原因。另一個有點難以理解的觀念是，時間也可以彎曲，這使得是事物旅行的時間狀態變得很奇怪。但事實上，只要你把時間彎曲得夠嚴重，就可以創造出一個迴圈，讓你不斷回到時間裡相同的時刻。這就是「封閉類時曲線」。

第一個計算出這個迴圈的，是奧地利數學家庫爾特・哥德爾（Kurt Gödel）。他在 1949 年寫了一份關於相對論的影響評論，並給愛因斯坦看他的計算結果。我們可以說，愛因斯坦不覺得這有什麼了不起的；他的反應是，受限於宇宙的所有物理限制，迴圈幾乎不可能有機會成真。

就某方面來說，愛因斯坦的懷疑態度是對的。哥德爾的計算基礎是一個旋轉、沒有擴張的宇宙，而就我們對於這個宇宙的所知，它既沒有旋轉，而且還在擴張。這代表哥德爾所謂自然發生的「封閉類時曲線」不會出現在我們的宇宙中。

然而，穿越時空的想法還是可能的。理論上來說，你可以自己創造一個封閉類時曲線，而且不需要通量電容器就能做到。廣義相對論告訴我們，只需要讓時空有夠劇烈的彎曲，就能創造時間裡的迴圈。一旦你做到這一點，你就能走在迴圈裡，隨意重返歷史上任何時刻。不管是哪個老博士，從布朗到布魯克斯（也就是本書作者之一）* 到愛因斯坦都會告訴你，創造出這樣一個迴圈需要高度集中的質量或能量，而我們有很多方法能製造出其中之一。目前為止

---

* 歡呼聲！

都還可以吧？對，我們可以在時間中旅行。

此時可能需要暫停一下，對這些正面的說法提出警告：我們即進入將這個時光旅行物理學模型裡的「什麼？你需要什麼？」這部分。就像是「什麼？你需要一顆中子星？」或是「什麼？你需要假想的負能量源頭？」或是「什麼？你需要穿過時空的蟲洞，而且要定錨在前面講的中子星？」我們了解這些並不是一般情況下有「庫存」的品項，通常要特別訂購。不過呢，這並非完全不可能。我們的意思是這樣。

好了，現在你的期望應該比較恰當了，讓我們進行到下一個問題：**我們要怎麼製造時光機？**

圖5-1 如何使用蟲洞穿越時間

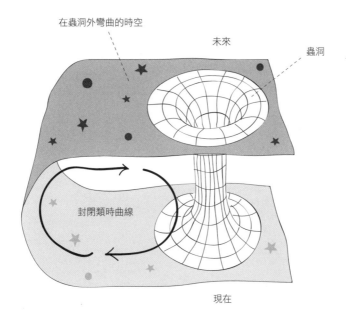

來自過去的衝擊

你最喜歡的時光旅行方式是什麼？

TARDIS[*]。 我一直很喜歡它內部空間比外觀更大的設定。

真無聊 —— 那太好猜了。我嘛，最喜歡《未來總動員》（*12 Monkeys*）裡那沒有解釋，有時候還會出錯的機制。

我很喜歡那句話：「這些小丑讓科學都不科學了。」

我很喜歡那部電影講到，在早期的實驗裡，人類被送回太久以前，於是被當成先知崇拜。

對，你一定很喜歡那樣吧？

我真心認為我在現代沒有得到足夠的崇拜。

---

* 譯註： 全名為 Time and Relative Dimension in Space，意指「空間裡的時間與相對維度」。是英國科幻電視劇《超時空奇俠》（*Doctor Who*）及其相關作品中的一個虛構時間機器和太空船。外觀類似電話亭，但內部空間遠大於電話亭。

關於時光旅行，大家最疑惑的問題之一是，如果這真的可能，那從未來到現代的那些旅人在哪裡？這是一個好問題，也是 2005 年 5 月 7 日星期六晚上十點，有四百個人聚集在麻省理工學院的原因。這是一場名為「時空旅人大會」的活動，用意是聚集來自未來的旅客。

舉辦會議的基本理由意外地簡單。如果你辦這場聚會，並確保有留下紀錄，那麼在未來可以使用時光機的人就會找到紀錄。把那樣的人聚集在同一個時空位置，是多麼有趣的事啊！這場會議的注意事項，是要求時空旅人帶上他們來自未來的證據。「例如：愛滋病或是癌症的解藥，解決全球貧窮問題的方法，或是冷融合反應爐，都會特別具有說服力，也會使我們萬分感激」。主辦單位很可愛地向《回到未來》致敬，在現場安排了一輛迪羅倫車，因為說不定有未來的人看過並喜歡這部電影，或甚至受到啟發，真的做出了一臺時光機。

所以，他們是怎麼做到的？這麼多年來我們有了一些想法。為了符合電影的精神，我們按照時間順序來看。

關於製造時光機，最早的提議很簡單：一個非常長的圓柱體。聽起來不太難，對吧？可惜，這臺機器的發明者規定的這個非常長的圓柱體真的很長。喔，你想知道到底要多長？既然你誠心誠意地問了，答案是 —— 無限長。對，聽起來是有點困難。

1976 年，美國物理學家法蘭克・迪普勒（Frank Tipler）計算了愛因斯坦的公式，得出結論：一個非常非常重、無限長、並且以非常快的速度旋轉的圓柱體，將能使空間與時間彎曲達到極大，大到足以創造出封閉類時曲線的程度。我們還需要補充說明，目前還沒

如何建造時光機?

大家都知道要描述時光機如何運作有多麼困難,也許這就是為什麼我們在銀幕上很少看到建造的過程。就像我們說過的,布朗博士的通量電容器需要一‧二一百萬瓩的電力才能實現時光旅行。我們對《超時空奇俠》裡的TARDIS(空間裡的時間與相對維度)知道的也不多,只知道它是四十型的時空機器,來自嘉勒弗雷星(Gallifrey),動力來源結合黑洞奇異點、水銀、稀有礦澤頓七(Zeiton 7)、擺線時間晶體(trachoid time crystal),以及阿創能量(artron energy)。作家威爾斯的時光機則有一點蒸汽龐克風,它的創造者是「物理光學」專家,創造了「一個閃耀金屬光澤的骨架,幾乎不比一個小鐘大多少」。裡面用到象牙,還有「一些透明的結晶物質」、一根石英棒,以及兩個有白色把手的控制桿。雖然它沒有太多能說的,但是和《阿比阿弟的冒險》(*Bill and Ted's Excellent Adventure*)裡那臺長得像電話亭的時光機相比,我們已經有很多資訊了。最後還有在《哈利波特:阿茲卡班的逃犯》(*Harry Potter and the Prisoner of Azkaban*)裡的重點 —— 妙麗‧格蘭傑(Hermione Granger)的時光器。在這個例子裡,我們總算有完整的解釋了:它用的是魔法,也就是鐘點翻轉咒。

有人嘗試實現這個計畫嗎?

接下來是一個為理查‧哥特三世(J. Richard Gott the Third)這個名字爭光的男人想出來的點子。哥特也是一位物理學家,他的點子實際多了,但依舊是不可能的任務。哥特的想法和宇宙弦(cosmic string)有關,這是一種假設性的物質,是密度超高的物質束,直徑不到原子核的寬度,有些宇宙論者認為它可能存在於宇宙

的某處。如果它存在，那麼應該是在導致宇宙從大爆炸誕生的劇烈過程中才出現。

宇宙弦會提供一種天然的時光機。它們是空間中密度極高的缺陷，並排放置後又迅速分開，因而產生時間迴圈。你只需要沿著迴圈旅行，就能重新造訪歷史上的相同時刻。不用說，從來沒有人能接近任何宇宙弦，連邊都沾不上，所以這個方法看起來也不是全然可靠。現在該是把蟲洞搬出來的時候了。

這個美人兒是索恩的發明（對，《星際效應》那位）。在薩根的科幻小說《接觸未來》中，外星智慧生物傳遞訊息給人類，而索恩發明了蟲洞作為書中時光旅行的手段。蟲洞 —— 基本上是快速穿越廣大宇宙的方法 —— 提供了一個通道，讓人能造訪外星人的銀河間計畫，藉此更了解他們，堪稱終極版的校外教學。

索恩的想法是這樣的：你找到一個天然的通道穿越時空，叫做愛因斯坦—羅森橋（Einstein-Rosen bridge）。先不要提出質疑：它們可能真的存在。這個點子最早是由愛因斯坦和朋友奈瑟‧羅森（Nathan Rosen）在 1935 年提出，主張兩個黑洞的核心可能是相連的。畢竟，既然空間和時間會在一般所知的「奇異點」，也就是黑洞核心處崩解，那麼誰知道所有奇異點沒有相連，各自通往時空中的不同區域呢？

如果你能隔離出相連的兩個黑洞，就得到了連接空間（或時間）裡兩個區域的「蟲洞」。不過，要找到一個起點在你所在的位置，終點在你想去的地方的蟲洞，顯然又是另外一項挑戰，但我們現在真的要講細節了。有一個論點是將它（以某種方法）定錨在一顆中子星，因為這裡有超級強烈的重力場，會使時間變慢。再將蟲

洞另外一端的開口拉到盡可能近的位置，兩端就足以發展出一個時間差。等到時間差夠大，你就能走進一端，並從完全處於不同時間的另外一端出現。

但事實上根本沒這麼簡單。空間有點像有彈性的東西，而且被拉長的時候會有抵抗力，瀕臨斷裂的時候更是如此。所以，如果你把空間拉得長到足以製造出蟲洞，那麼你就要想辦法維持這個蟲洞開放。這時候，你需要物理學家所謂的「負能量」，一個不確定是否真的存在我們宇宙的東西。

不過除了這一點之外，好像都滿直截了當的，是嗎？可能值得一提的是，此刻並非所有的時光旅行方案都要扯上外太空，或者像旋轉一個無限長的圓柱體這種荒謬做法，還是什麼假設的宇宙弦這種莫名其妙的說法。羅恩·梅里特（Ronald Mallett）提議使用雷射。就在其他時光旅行提案都需要在宇宙規模用質量彎曲空間的同時，梅里特找出了在地球實驗室裡也許可行的方法。他甚至認為，我們在本世紀就能製作出成功的時光機。

梅里特想征服時光旅行的決心，起於他的父親因心臟病發辭世一事。只要改變生活型態，就可以預防父親過世，當時才十歲的梅里特認為，要是他能回到過去，他就能警告父親了。於是他開始閱讀威爾斯的《時光機器》一書，而且更努力上物理課。現在，他是康乃狄克大學廣義相對論的教授。光是憑藉動機就能讓人有如此成就。

梅里特非常投入於實現時光旅行，因此他從來不想理會那些無法在現實中執行的想法。現在，他已經研究出方法，如何製造出一個光環，能量強烈到足以彎曲周圍的空間與時間，形成一個圓圈。換句話說，他在雷射的路徑裡形成了封閉類時曲線。雖然目前的設

計還不能把人放進他的時光機裡，但梅里特表示，這個時光機能將編碼在次原子粒子上的訊息傳送回過去。現年七十多歲的梅里特目前正在募資建造這個機器。希望他能盡快募到一些錢，因為好萊塢非常有興趣要把他的故事改編成暢銷作品。

我們忘了提麻省理工學院的時空旅人派對後來怎麼了，但有需要嗎？當然沒有出席者真的帶著他們來自未來的證據。不過呢，就如同在大會召開之前，喜劇演員蒂娜・費（Tina Fey）在電視節目《週六夜現場》（*Saturday Night Live*）所指出，來自未來的人一定早知道這場派對到底有不有趣。這代表這場派對一定爛透了，所以他們才不參加。不過等等，這不就永無止盡地循環了嗎？只有因為大家不參加，才會讓活動變得很爛；而大家不參加，正是因為活動很爛……到底是怎樣？就是這種讓人頭昏腦脹的推論，促使我們提出了第三個問題。時光旅行會引起各式各樣令人為難又困惑的悖論，所以米高・福克斯最後才會差點從他的全家福照片中消失 —— 因為他干預了過去，所以他所有的存在紀錄都慢慢被抹滅。這是對的嗎？**穿越時光真的會讓你從歷史上消失嗎？**

時間的麻煩

 好，假設你得到了一臺時光機。你要去哪裡？

殺了我的祖父。你不就是應該要這麼做，藉此證明這件事是做不到的嗎？

你不想去看看未來嗎？畢竟你也不活了太久了。

其實，我覺得我應該會去殺了你的祖父。

那這本書就不會存在了。

那可不一定。

　　這部片最經典的場景之一，就是馬蒂在高中舞會上演奏查克·貝瑞（Chuck Berry）的〈強尼·古迪〉（Johnny B. Goode）這首歌。不管誰問馬蒂這首歌是誰做的，他都會說是貝瑞。但是在電影裡，貝瑞第一次聽到這首歌，是他表弟馬文在馬蒂演奏時讓他在電話那頭聽的。所以，這首歌到底是誰寫的？該是思考最引人入勝、讓人頭昏腦脹的物理學悖論之一的時候了。

　　「我本人相信，有一天時光旅行將會實現，因為每當我們發現不受到物理學最高定律禁止的東西時，我們最終通常能找出實現它的技術。」這不是什麼瘋話，這是地球上最聰明的人之一大衛·多伊奇（David Deutsch）說的。他是量子物理學家，也是最早畫出量子電腦藍圖的人。如果他相信物理學法則並不禁止時光旅行，那麼在募資網站上支持通量電容器也是很合理的。

　　不過呢。

　　「看來似乎有一種『時序保護機構』在阻止封閉類時曲線出

現，好讓歷史學家不會因宇宙失序而困擾。」這是霍金在 1992 年發表的學術論文內容。他對這個機構的非正式稱呼是「時空警察」*，其中包含很多東西，例如需要負能量才能維持蟲洞開口，因此我們不能進行任何回到過去的時光旅行，避免我們改變既有的歷史事實。

該相信誰呢？多伊奇還是霍金？每當試圖回答這個問題時，有個經典的時光旅行情節總是會被提出——祖父悖論（the grandfather paradox）。很簡單，想像你回到了過去，想辦法在你祖父和你祖母搞上之前（抱歉，這麼說也許會讓你不舒服，但這是發生過的事），先找到你祖父，然後立刻殺了他。現在，他不可能生下你父親了，所以你也不可能出現然後殺了他。

《回到未來》漂亮地將這個悖論編排為劇情。馬蒂回到過去，使當時還是高中生的母親羅蘭瘋狂愛上他，於是他必須確保他未來的父親喬治就算面對新的情敵，也要在學校舞會中與羅蘭定情。隨著兩人的戀情似乎愈來愈不可能發生，在馬蒂剛好帶回過去的照片裡，他自己和手足的身影也變得愈來愈模糊。這就是祖父悖論，只不過是誇張的版本。當然這裡面還有些值得懷疑的化學效果，比方說影像是要怎麼變淡又重新出現，但我們就不要追究那個部分了。

霍金一定用心看了這部電影，而不只是說說而已。他不相信有任何方法能改變歷史。你不會殺了你的祖父，因為你已經存在。如果你回到過去，打算殺了你的祖父，你會發現有許多事阻止你的行

---

* Time Cops，這和 1994 年尚克勞勞．范．達美（Jean-Claude Van Damme）的同名電影《時空特警》（*Timecop*）無關。關於那部片，我們最喜歡的影評是：「總算有一次，范．達美的口音比劇情還好懂了。」

圖5-2 時空旅人的待辦清單

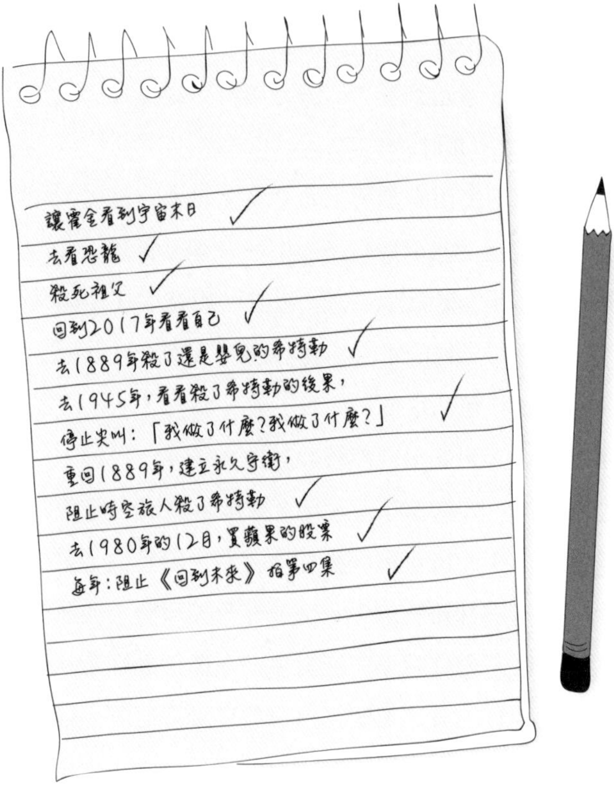

為 —— 你的時光機會失靈，槍會卡彈，你要開槍的時候會滑倒，你殺掉的人其實根本和你沒有血緣關係……你懂我的意思。這就是「時序保護」，不管你的意圖為何，宇宙會讓你失敗。

當然，實現時序保護最簡單的方法，就是讓你一開始根本就無法回到過去。物理法則意味著你無法製作出成功的時光機，這個論點就是霍金對祖父悖論的解套。他表示，這就是為什麼所有也許能

製作出時光機的方法,都牽涉到似乎不可能實現的物理學。然而,有另外一個物理學的分支,讓那些看起來似乎不可能的事(比方說同時出現在兩個地點)都一起發生了,那就是量子物理。所以也許我們需要的是量子時光機?

那種轉個不停的圓柱體,或是進入中子星彎曲的蟲洞,都是在廣義相對論描述的宇宙中創造一個迴圈。但是有一個理論比相對論更加基本,也就是量子力學。我們在《星際效應》那章就討論過了,量子力學描述的是最小的世界,那個由光子和組成我們存在物質的次原子粒子所居住的世界。那裡的規則非常不同,霍金的時空警察的管轄範圍不包括這個世界。

簡言之,霍金的主張就是時間似乎是往單一方向流動的。這代表因必然通往果,任何事在發生之前,都必然先有某人或某事促使其發生。

但是量子物理卻不需要這個前提。事實上,一種稱為「纏結」的量子現象,就打臉了所謂「因」和「果」這件事。早在 1930 年代,就提出了量子纏結的現象可能存在,當時愛因斯坦認為這太「詭異」,不可能為真,但是後來的實驗證明他是錯的。這個量子現象是真的,而且真的很詭異。這也顯示我們尚未完全了解空間和時間的本質。

以下是量子纏結的簡略說明。有兩個光子,你可以用很多方法把它們「纏」在一起。其中一個方法,是在「雙折射」晶體中製造光子,晶體中的原子構造會將一個光子分成兩個,它們會關係密切,並且具有糾纏特質。另外一個方法是透過精密控制,把兩個光子敲擊在一起,然後它們就會纏結了。

這是什麼意思？在量子物理學中，這代表一種奇怪但是絕對可接受的特質——兩個纏結的粒子會共享彼此某些性質，最經典的性質是「旋轉」。想像在纏結之前，有一個粒子是順時針旋轉，另一個粒子是逆時針旋轉。在纏結之後，兩個粒子都有另一個粒子的某些旋轉性質。你無法清楚知道這是什麼意思，因為除非有人去測量，否則那樣的旋轉是無法定義的。可是一旦你測量了其中一個粒子的旋轉，測量造成的結果會使得你對另一顆粒子的後續測量出現偏差。

目前為止，還算明白。但接著最詭異的要來了。在第一次測量後，立刻就可預測第二個粒子的旋轉。就算兩個粒子相差十萬八千里，第一次測量的資訊，還是會以超越光速的速度——違反任何物理定律——傳送到第二個粒子，「設定」它的旋轉。

進行這些實驗的物理學家，一再為這些粒子感到困惑。在纏結背後有某種機制——他們會說測量的結果之間有一種「互相關聯」（或說「相關性」）——能無視我們所有對於在空間與時間中傳遞資訊方式的理解。而且這種現象還不只能跨越空間，實驗顯示，量子纏結可以在不同的時間裡被創造出來並操縱。

這讓人感到無比驚訝。我們該拿這種現象怎麼辦？尼可拉斯·吉桑（Nicolas Gisin）是這個領域最傑出的人之一，他曾這麼說：「在空間與時間裡，沒有任何說法能告訴我們這種互相關聯是如何發生的。在時空之外，必定存在某個現實。」這個在時空之外的現實的存在，暗示這個宇宙並非是全部。因此，量子的這種詭異之處，確實給了我們一個展開時光旅行的缺口。

如果你問多伊奇這個缺口的事，他會說那和多重世界詮釋有

恐龍不再是選項

這裡有一個意料之外的路障。根據邏輯法則，你最多只能回到歷史上第一臺時光機被創造出來的時刻。理由很簡單：在第一道時空裂縫出現之前，裂縫並不存在，因此沒有其他的入口，所以你不可能回到過去狩獵恐龍，或是和尼安德塔人交配，或是警告鐵達尼號的乘客，這艘船可能不像船長宣稱的那樣永不沉沒。雖然這令人失望，但也有好的一面 —— 這代表霍金並非永遠都是對的。他曾經表示，時光旅行必定不可能發生的一項好理由，是因為我們沒有認識任何來自未來的時空旅人。但是在有人發明時光機之前，是不會出現入口的，所以現在沒有來自未來的訪客也不代表什麼。

還有更好的消息。隨著我們展開各種物理實驗，我們也許會接近歷史上時光旅行成真的時間點，那票人可能就要開始抵達了。2008年，兩名俄國數學家指出，日內瓦的歐洲核子研究中心（European Centre for Nuclear Research）的大型強子對撞機（Large Hadron Collider）可望成為世界第一臺時光機，因為它有足以創造出迷你黑洞的力量。當微小的粒子以極高的速度互相撞擊，高度集中的能量會彎曲空間和時間到足以創造時間入口的程度，使時空旅人得以出入。雖然我們目前還沒在瑞士看到迷你黑洞出現，但這依舊是一個可能性。所以如果你在日內瓦突然看到一大群人看起來似乎是從未來抵達此刻（而且不只是一大群日本觀光客），記得向他們打招呼。話雖如此，還是要小心點，他們可能是回來殺祖父母的 —— 你可能也是目標之一。

關。這個論點是，光子之類的量子粒子可以同時存在於兩個地方，因為它們的存在並非單數。在一些世界裡，光子位在這裡，但還有其他的世界；在那些世界裡，光子位在那裡。有些更奇怪的量子實驗，比方說有名的雙縫實驗，讓量子粒子同時通過兩個距離遙遠的

隙縫，讓我們看到多重世界之間的一種「干涉」。

或者說這是多伊奇的看法。關於這些實驗有許多詮釋，我們不打算在此一一列舉。但是目前愈來愈受歡迎的多重世界詮釋認為，當我們在這些世界間移動時只會有一個存在。這代表時光旅行沒有任何哲學性的問題，我們不會因為旅行到更早的時間而危及自身的存在，因為我們其實是旅行到了另外一個宇宙，另外一個時間裡。

如果邁可利用量子時光機回到過去，殺了自己的祖父，根據多伊奇的論點，邁可就會進入「多重宇宙」的一個分支，他在那個宇宙裡根本沒有被懷上或出生。所以，不論他殺的是誰，那個人都不是孕育他父母之一的人。在那個時候，在那個分支宇宙裡，他沒有祖先。

這些說法都還沒發展出細節 —— 目前還沒有真正有條理的量子時光旅行理論。我們知道這並不是史上最令人滿意的答案。事實上，量子時光旅行給出的問題可能多過答案。例如，當你的意識自我溜進許多新世界之一時，在另外一個宇宙裡的你的分身會怎麼樣？沒有人知道，但也許你的那個攝影紀錄會開始變模糊……。也許通量電容器是某種量子雷射技術，能把梅里特與多伊奇的想法結合在一起。也許，會有人終於搞清楚該怎麼做，然後回到過去，把資訊提供給……等等，那樣不對……

> 你知道威爾斯娶了自己的表親嗎？如果他用時光機回到過去，殺了自己的祖父，他面對的可能是個買一送一的悖論，說不定也同時殺了他太太的祖父。

這絕對會讓他們的小孩在全家福照片中消失。如果他們沒有因為近親結婚的基因缺陷先消失的話。

他們沒有孩子。威爾斯和妻子離婚，娶了他的一個學生，然後開始有點失控。他曾經說：「性如同新鮮空氣般重要。」還說：「我身上每一分的性衝動都表達了它自己。」

我不是很想在腦中有這種畫面。進入下一個部分吧，我們在本章還學了什麼？時光旅行是可能的，建造時光機是……

困難的？

有一點困難……除非你家附近的五金行後面的櫃子裡有無限長的圓柱體。

「我就知道它在這裡，放在悖論剋星的旁邊……」

還有，我們確實能抹滅歷史上的自己，但只會在與此事無關緊要的平行宇宙裡發生。

我想我們好像找到了讓你演藝生涯東山再起的方法。

28天毀滅倒數

28 DAYS LATER

我們應該害怕病毒嗎？

我們怎麼保護自己免受感染？

病毒會把你變成喪屍嗎？

看到倫敦變成空城感覺好奇怪。要拍到這個畫面一定是場惡夢。

是的。導演丹尼・鮑伊（Danny Boyle）必須僱用一大票美女才能誘使駕駛人駛離道路。雖然警察封閉了M1高速公路兩個小時，但拍攝團隊只拍到一分鐘可用的畫面。

其實這才是《28天毀滅倒數》這部片最難以相信的事。清空高速公路？絕對不可能。

但是每個人都死了或變成喪屍了。

對，但還是會有道路施工，這是生存的基本法則。不管有沒有喪屍的世界末日，M1高速公路一定有一區在施工。

　　你可能很愛喪屍電影，也可能很討厭這種電影。不論你屬於何者，這部片都不一樣。它的劇情（有點）可能成真，而且憑著空無一人的倫敦街道以及可怕的紅眼怪物，這部片就絕對堪稱經典之作。但是，它也不完全是吹捧科學的一部片。

　　喪屍狀態是感染了經基因工程改造的「暴戾」（Rage）病毒所引起的。片中科學家使黑猩猩感染這種病毒，然後強迫牠們看暴力的電視影片做為前驅物，想藉此研發治療攻擊衝動的解藥。激進的

動物保護人士對此感到不滿，這也滿容易理解的，因此有三人組衝進研究設施要解放這些黑猩猩（你以為那裡的保全應該更嚴密），不幸的是，其中一名激進人士被咬了，於是變成喪屍。然後就開始了⋯⋯

《28天毀滅倒數》絕對不是唯一一部描述病毒是真正怪物的電影，類似的作品還有《全境擴散》（*Contagion*）、《未來總動員》（*12 Monkeys*）、《我是傳奇》（*I Am Legend*）、《末日之戰》（*World War Z*）、《危機總動員》（*Outbreak*）等等。我們顯然很害怕病毒傳染，這也是導演鮑伊想在電影中探討的現象之一。

所以，我們就從一個直接的問題開始：這是一種合理的恐懼嗎？**我們應該害怕病毒嗎？**

臥底內線

席尼·墨菲（Cillian Murphy）在開頭的時候把我搞瘋了。他實在太笨拙、太慢才搞清楚自己的處境究竟有多慘。

好像他從來沒看過喪屍電影一樣。

我幾乎看過所有喪屍片，但還是不知道該怎麼做才能活下來。

我忍不住會想，乾脆被咬可能還比較好。你知道的，忍一忍就過去了。

 然後和一群喪屍夥伴同樂嗎？

沒錯。我從來沒有這麼多朋友過。

　　我們最好先描述病毒是什麼，以及它能做什麼。首先，病毒是一種生物有機體……哇！我們已經脫離科學的領域了。病毒到底是生物還是化學物質，眾人莫衷一是。換句話說，我們不知道它是不是活的。這好像很荒謬，但是關於生命的定義有一套很寬鬆的標準，然而病毒並非完全符合這些標準。對，它們會繁殖，可是如果沒有其他生物的協助，它們就做不到。也就是說，它們不是自主的生物，無法靠自己在環境中四處飄蕩當個病毒。要當一個病毒，就要賴著其他生物過活。也許在遠古的演化歷史上，病毒曾經是能自己生活的生物，卻不知怎麼地失去了單獨生活的能力。但現在，它們需要像我們這樣的宿主。

　　好，那我們重新開始。病毒的基本成分很簡單，首先，有一點DNA，還有DNA的分子姊妹RNA（我們在《千鈞一髮》那章會再解釋），這些分子含有建立病毒複本的指示。但是為了創造出複製品，病毒需要生物細胞內的生物化學機制。進入那樣的細胞中不是容易的事，因為生物有機體具有防衛機制，例如吞噬外來DNA

圖6-1 典型的病毒

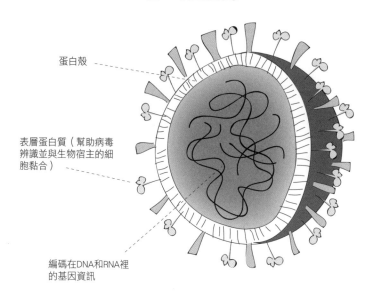

蛋白殼

表層蛋白質（幫助病毒
辨識並與生物宿主的細
胞黏合）

編碼在DNA和RNA裡
的基因資訊

的酵素就是其中之一。所以，病毒的指示被封閉在蛋白殼體中，這
是由無害的蛋白質形成的保護層。有些病毒還會從宿主的溯源基因
偷取物質，再形成一層外殼，補強蛋白殼體；這些都能幫助病毒偷
偷溜進生物體內。

　　大概就是這樣。病毒能夠如此奉行極簡主義，是因為它只有一
項工作：繁殖。它不是故意要造成那些浩劫的。事實上，毀滅宿主
的是壞病毒，如果宿主能讓你活著，給你更多資源，為什麼要毀了
宿主？

　　人類基因物質裡大約有百分之八其實是病毒的基因物質，這項
事實支持了病毒不必然是冷酷無情、從容專注的殺手之論點。顯然
我們的祖先曾遭受感染，而那些病毒將它們的某些基因嵌入了我們

的基因中，於是我們繁殖時也會繁殖那些基因，但不是以我們遭到病毒感染的形式來繁殖。研究人員懷疑，如果仔細分析我們所有的DNA，可能會發現自己有一半都是病毒。

那也不是什麼壞事，甚至還挺有用的。首先，在演化史上，病毒在其他生物體內造成的改變，幾乎肯定幫助了生物適應在新的生態位中的生活。病毒也是「水平基因轉移」的媒介，使生物能透過交換少量的 DNA 而演化。因此，病毒成為了生命故事中的一環。以人類來說，我們知道在胚胎發展過程中，基因體內的病毒 DNA 會保護胎兒，抵抗母親血流中攜帶的某些感染。來自溯源病毒的基因也會控制我們某些幹細胞，引導基因交換，製造某些組織。

最近的研究顯示，病毒與宿主的這種共生與互惠已經延續了非常長的時間。一種稱為「擬菌病毒」（Mimivirus）的病原體，含有所有存活的生物體內都存在的七種基因。它們是「通用核心基因組」（universal core genome）的一部分──這是地球上所有的生命體內都有的約六十個基因。

儘管已經說明病毒其實只是「我們的一分子」，我們還是必須承認，它們有時候也可能造成一些問題。畢竟如果你曾經感冒過（我們打賭你一定有），你就會知道病毒感染有多討人厭。如果你曾經得過伊波拉病毒（我們希望你沒有），你就會知道病毒感染有多可怕，而且還可能致命。所以，如果病毒需要我們讓它們好好地繁榮發展，為什麼還會有這樣的情況呢？

很簡單，只能怪病毒以繁殖為單一目標、單一驅動力的特性了。首先，病毒透過空氣（流感，歡迎你）、昆蟲咬囓時的分泌液（黃熱病請進）、皮膚或是黏膜的割傷或擦傷（皰疹你好）進入人

體，接著附著在一個細胞的表面，想辦法穿過細胞膜。它的方法很多，要看是哪一種病毒而決定。有一種方法是單純的挖洞——小兒麻痺病毒就是這樣；免疫缺乏病毒（HIV，即愛滋病病毒）會和細胞膜融合，被推進細胞內部；流感病毒則是受益於細胞的反應：細胞會吞噬病毒，讓攻擊者輕鬆進入細胞內的機制。

好玩的來了。一旦進入生物體內，病毒就會釋放自己的基因物質，綁架複製機制，讓病毒自己得以多次複製繁殖。宿主細胞的例行作業被蠻橫打斷，通常會因此死亡，新創造出來的病毒粒子則會闖入，並感染新的細胞，再次重複整個過程。演化使最成功的病毒創造出某些適合散布的條件，感染其他生物。所以害你得到一般感冒的鼻病毒（rhinovirus）也會讓你打噴嚏，將另外兩萬滴帶著病毒的鼻涕散播到空氣裡，讓其他潛在宿主也呼吸到它們。伊波拉病毒演化出的方法則沒那麼犀利，基本上，它就是讓你液化，這樣新製造出來的病毒粒子就能輕鬆脫離人體的界限，散播到更廣大的世界中。

就是這種「找到新宿主以不斷繁殖」的需求，給你這個宿主帶來麻煩。如果是一般的感冒，這種演化出來的繁殖方法會讓人類覺得討厭，但（已經）很少致命。不過若是伊波拉病毒、狂犬病、天花等許多其他疾病，就會帶來大災難了。

但是說到病毒，人類自己也是造成問題的一部分原因。正反兩方的意見可以吵上幾天幾夜，但是很多人——好吧，科學家和恐怖分子——認為病毒可能是很有價值的工具。因此，我們的生物實驗室裡堆滿了經過改造後的病毒小傢伙。

無法否認，這些病毒很有用。比方說，我們能用這些病毒實現基因改造的治病方法。了解病毒也有助於我們了解自己的生理，改

世界最大的病毒

世界前三大病毒的基因體中都有超過一百萬個鹼基對（base pair），而名副其實的「巨大病毒」（Megavirus）是當中最大的。它是在智利沿海地區的海水取樣中發現，基因物質內有一千一百二十個編碼蛋白質的基因。但你不需要擔心這個巨人，據信它只能感染海洋細菌。

話雖如此，本來大家也以為第三大的擬菌病毒也是類似的情況。這種病毒有九百七十九個編碼蛋白質的基因，是在布拉福（Bradford）的醫院冷卻塔水中發現的。一開始，科學家說它只能感染變形蟲，但是等到法國一間研究型實驗室進行調查時，才發現它居然感染了一位技術人員，並發展成肺炎。這次事件後，法國研究人員同意將擬菌病毒所在的研究設施安全等級升為「生物安全等級二」。

在這兩種巨大病毒中間的是媽媽病毒（Mamavirus），基因體內有一千零二十三個編碼蛋白質的基因。它也會感染變形蟲，但是它還有一項特色：它有自己的寄生生物。當媽媽病毒在變形蟲內建立好自己的病毒工廠後，超小的迷你病毒寄生生物——發現者暱稱它們是「小同伴」（Sputnik）——就會入侵這座工廠，用自己的機制繁殖。

堪稱令人愉快的是，這些小同伴會破壞媽媽病毒的運作，嚴重到使大型病毒製造出畸形的自我複製品。換句話說，小同伴害媽媽病毒過得不太好。

善我們抵擋感染的能力。也有科學家打算利用病毒 DNA 控制基因交換的能力來對抗癌症。這很合理，因為我們現在已經了解有些病毒（例如人類乳突病毒）其實會造成癌症。如果想知道怎麼製造疫苗，當然也必須研究病毒，我們很快就會講到這一點。

不幸的是，還有病毒武器的問題。如我們所見，成功的病毒很擅長自我散布。有些病毒天生對這件事就很拿手，有些則否。這一點能否改變，是一個極端重要的問題。

就在《28天毀滅倒數》的開頭，研究受感染的黑猩猩的一名科學家，為實驗室的工作提出了一個糟糕又難以令人信服的理由：「為了治療，你必須先了解。」大衛・史奈德（David Schneider）飾演的角色曾這麼嘀咕──必須說的是，這滿沒有說服力的。我們姑且相信史奈德，也許導演就是故意拍得沒有說服力，也許這個科學家過去從來不曾必須說明自己研究的正當性。

提到病毒，科學家會做一些很可笑的事。比方說亞洲禽流感H5N1的科學研究，這是很麻煩的東西──你一點都不會想得到H5N1禽流感。不過還好，這也不是很容易得到的流感。就像伊波拉病毒，你必須要近距離接觸鳥類，才有可能會染上你自己的病原體，而且這種病通常不會在人之間傳染，而生物恐怖分子很想要改變這件事。所以現在有一些計畫在進行，試圖了解要將H5N1「武器化」有多麼困難，也就是使H5N1禽流感變得和一般感冒一樣，可以透過空氣傳染而散布──所謂的霧化（aerosolization）過程。一旦了解此事的困難程度，政府就能決定是否需要保護人民免受立即的威脅所害，以及要不要開始研究針對風媒病株的疫苗。唯一知道恐怖分子能不能成功霧化H5N1的方法，就是自己試試看。換句話說，幫恐怖分子做他們要做的事。

結果顯示，這是可以做到的，而且也已經實現了──一群荷蘭科學家在2012年做了這件事。而且你可能會很驚訝，當有人建議這些科學家最好不要在公開的科學文獻中發表他們使用的技術時，

這些科學家居然還鬧出了不小的風波。你可能會更驚訝的是,他們進行研究的實驗室並沒有「最高等級的安全措施」。這間實驗室被指派為生物安全等級 3+,是第二高的安全等級。

我們知道你在想什麼。什麼?奇怪的是,科學家向來素行不良,總是沒有盡可能為他們的危險工作做好安全措施。比方說,他們會打翻東西。1978 年,伯明罕大學的研究人員就不小心把天花病毒散布到大樓的通風管裡,於是病毒寄宿在當時於樓下工作的記者珍奈・帕克(Janet Parker)身上,使得帕克留名青史,成為史上最後一個天花病毒的受害者。這不是特例。2004 年,兩名在中國研究嚴重急性呼吸道症候群(SARS)的研究人員,不知道怎麼搞的,自己也被感染了,並且在感染後離開實驗室,造成另外七個人也受感染。七人當中有一個倒楣鬼——其中一位研究人員的母親——因為感染而死亡。

憂心的研究人員計算了一下這種事在未來發生的可能性,發現荷蘭科學家霧化的 H5N1 病毒有百分之八十的機率會在四年內逃離實驗室。面對這樣的機率,我們非常有理由要提高警覺。

儘管有種種令人憂心的情況,不過人類的粗心、愚蠢或是惡意依舊不太可能實際造成全球的病毒大流行。比較有可能的,是過去人類沒有接觸過的病毒,在某個時間點進入了人類環境,造成浩劫。這聽起來很遙不可及嗎?不是的,我們周圍有很多病毒。一茶匙的海水裡,就有大約一百萬個病毒粒子。事實上,海水取樣已經讓人類發現數百萬種尚未成功登陸的病毒,我們的實驗室也尚未能辨認它們。這代表有非常多生病的新方法,而且我們可能因此死亡。所以,提出下一個問題也很合理:**我們怎麼保護自己免受感染?**

來抓我啊

整部電影最愚蠢的時刻,就是男主角墨菲剃鬍子那段。他幹嘛要剃?鬍子超棒的。

蠢的地方不在那裡。而是他居然乾剃,刮傷了自己的臉。這樣他就更容易因為一滴喪屍的血而感染「暴戾」病毒了。

所以鬍子不只看起來帥,還可以保護你免受感染?

其實還能防止你被揍。研究顯示,大家會覺得留鬍子的人比較強壯,比較有威脅感。

這我早就知道了。所以,你應該留我這樣的鬍子,你遠比我需要它。

我們正在進行演化的軍備競賽。病原體想利用我們達到它們的目的,並隨時發展新方法做到這一點;而我們則不斷用改善後的免疫系統反擊,所以去年冬天戳的那一針流感疫苗,這一季就不管用了,你必須再打一針新的。流感病毒靜止不動是活不下去的,必須突變才能生存,才能哄騙你隨時保持警覺的免疫系統。

你應該為自己的免疫系統感到自豪。這是一種防禦機制,複雜到我們很難理解它超乎尋常的功效。經過數千年的發展,免疫系統

會使用各式各樣的技巧，在戰爭中辨認並中和掉任何影響你身體健康的威脅，同時讓必要死傷維持在絕對最小值。防禦過程中，通常會有輕微的溫度上升以及嗜睡現象，可能還會流鼻涕、肌肉痠痛，或是在吞嚥時感到痛。但是只要想想身體裡的情況，就知道這些只是小小的代價。

其實你有兩個免疫系統。一個是「適應性」的，由血液中循環的各式各樣細胞組成。這些細胞會製造抗體與其他分子，負責辨識特定蛋白質——通常是和細菌、寄生蟲、病毒有關的蛋白質——然後用「鎖鑰機制」抓住這些蛋白質。

這個適應系統是後天免疫性的源頭。當我們的身體開始成為病原體的東道主時，某些細胞就會製造擊敗病原體的抗體，回應受感染細胞發出的痛苦訊號，釋放出能鎖住病毒（或細菌，或隨便其他東西）的化學物質，阻止它找樂子。這種成功的防禦細胞會增生，創造出殺人機器細胞後代，看到這種病原體一律殺無赦。

「先天性」的免疫系統就不一樣了。雖然無法針對特定病原體制定反應，但是它會攻擊所有外來物或是異常物，其細胞會偵測並摧毀細菌。被稱為吞噬細胞的白血球以及 T 細胞，都是先天免疫系統的成員，其他成員被稱為自然殺手細胞（natural killer cell），會尋找細胞表面是否出現暗示腫瘤或病毒存在的改變，確認組織是否健康。先天免疫系統中還包括酵素，它們會為威脅做化學標記。就像導彈需要雷射引導，這些化學標記能引導吞噬細胞與其他免疫系統的火力對準威脅。酵素也會忙著溶解細菌的細胞壁，消化病毒的外層，使其更為脆弱，偽裝也被解除。這就是免疫系統中會造成發炎反應的部分，通常與發燒有關，但這也是為了治癒你而伴隨來的

小鬼當家續集：紐約迷途

從很多方面來說，如果有一種疾病存在好幾週的潛伏期，而你在不知道自己已受感染的情況下四處散布，那結果會比「暴戾」病毒嚴重多了。現在，每天有好幾百萬人在世界各地往來，所以像是禽流感或是茲卡（Zika）這類的病毒疾病變得非常嚴重——它們有相對長的潛伏期，使得感染者會在沒有被發現、沒有任何症狀能警告他人的情況下，四處旅行及與他人進行交流。

檢疫隔離是常見的對策。找出可能遭受感染的人，讓他們與外界隔絕。這種策略從古代就已經開始使用，但它沒有防呆裝置——尤其在現代更是如此。限制旅行非常困難。2013年伊波拉病毒爆發時，限制民眾前往西非的措施就被某些人視為是不合理的要求，會對該區的經濟造成負面影響。2016年的里約奧運也曾被建議取消或移地辦理，因為有感染茲卡病毒的風險，但當時的回應是——這是完全無法想像的因應措施。

不過有時候隔離倒是能確實執行。1972年，南斯拉夫政府在世界衛生組織（WHO）的要求下實施戒嚴，隔離一座發現天花感染的村莊。當時的管制確實管用，那些村民是歐洲最後感染天花的人。在《28天毀滅倒數》裡，整個不列顛群島都被隔離了。劇中娜歐蜜‧哈瑞絲（Naomie Harris）飾演的角色莎倫娜表示，隔離失敗了，巴黎和紐約也都出現了「暴戾」病例。她錯了——但只是暫時的。在續集《28週毀滅倒數》（28 Weeks Later）中，感染已經擴散到巴黎。原因不是有人放出了憤怒的紅眼喪屍，而是更可怕的——一個沒生病的帶原者。我們已經看過許多病毒都有無症狀帶原者，HIV、傷寒、艾司坦巴爾疱疹病毒（Epstein-Barr）和披衣菌（chlamydia，亦稱衣原體）都是例子。我們已經警告過你了。

戰爭副作用。

　　儘管我們的免疫系統這麼厲害，疫苗還是能助它一臂之力。當你接種疫苗，死亡的或受到嚴重妨礙的病原體就會進入你的血液，你的免疫系統發現它，發展出殺死這個特定病原體所需要的抗體，並留在你體內，讓你對特定威脅免疫。

　　疫苗接種是人類歷史上最偉大的成功故事之一，現在每年能避免兩百到三百萬人死亡。以麻疹疫苗為例，在本世紀就拯救了超過一千七百萬個生命。

　　然而，疫苗只有在病原體沒有改變太多的情況下有用。當病原體的生理型態演化到某個程度，抗體就無法認出它們。所以，如果你是一個創造出喪屍的危險病毒，那演化就是你的朋友。

　　這就是 HIV 的一個嚴重問題——它演化得超快。只要二十四

圖6-2 麻疹疫苗的出現，阻止了麻疹大規模爆發，使該疾病在英格蘭和威爾斯確實絕跡。

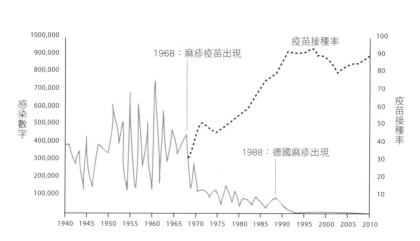

小時，單一個病毒就能繁衍出數以十億計的複製品，而且因為它這臺影印機本身品質不是太好，所以這些複製品彼此間都有些微差異，而有些差異反而使得這種病毒獲得擊敗宿主免疫系統的優勢。更糟的是，兩種不同版本的 HIV 還能在宿主細胞內結合，創造出另一種新變體。這種天生的高度變化性使得治療 HIV 非常困難；它很快就能抵擋早期以藥物為基礎的治療，以及宿主的免疫系統發起的任何攻擊。HIV 的快速演化還會根據宿主而變異，這是使疫苗發展非常困難的另一個原因。

還好，新一代抗 HIV 藥物「抗逆轉濾病毒療法」（antiretroviral therapies）獲得極大成功。這些藥物能阻止病毒在人體內自行增生，並將血液與其他體液內的病毒粒子數量降低到無法感染他人的程度。雖然病毒沒有被摧毀，但它也沒有贏。這是現代醫學最偉大的成就之一，只要你能獲得這些醫療，得到 HIV 就不再必死無疑。不過，是否能取得這些藥物卻屬於經濟與社會議題──在近期伊波拉病毒爆發時，發展疫苗的過程中也曾出現同樣的情況。

我們在 1976 年首度發現伊波拉，這種病毒的傳染途徑是體液交換，包括性行為、開放傷口、哺乳或任何直接接觸他人體液的途徑。它不會讓你變成喪屍，也不會使你攻擊他人。但是感染伊波拉病毒會使你發燒與不適，因為你的身體試圖對抗它。這種病毒還會使你出現腹瀉、嘔吐等流出體液的情況，好讓它藉此脫離你的身體，感染新宿主。駭人聽聞的眼睛流血雖然不是那麼常見，但也是伊波拉病毒奪取世界的策略之一。因為病毒會破壞身體各處維持血管接近體表的黏膜，而眼睛內也有這種黏膜，加上病毒也會阻止血液凝結，所以一旦你開始出血，血液就會一直汩汩流出。除非你很

幸運，剛好天生有某種免疫力（如果你得到伊波拉病毒，恐怕不會用「幸運」來形容自己），否則你就會在一週內死於多重器官衰竭。

聽起來非常恐怖。但是一開始，西方國家並不認為伊波拉的威脅性有高到足以特地為其建立疫苗計畫。美軍在 1970 年代研究這種病毒後，他們判斷如果要在伊波拉盛行地區執行任務，只要有良好的衛生條件，配合與帶原者最低程度的身體接觸，情況就能得到控制。疫苗發展計畫因為涉及各種交涉和成本，看來根本不值得。

感謝非營利組織與威康信託基金會等慈善團體的好心（而且，苛薄一點說，多虧了感染者可能搭機前往歐美地區的威脅），我們現在總算有疫苗了。只要我們願意開始嘗試製造疫苗，這幾乎是立刻就能成功的事。國際社會從 2014 年開始努力，到了 2016 年底，西非幾內亞就有將近六千人接受了疫苗測試，並得到疫苗成功的結果。接下來幾個月裡就出現了三十萬劑疫苗的訂單，當下一波討人厭的伊波拉病毒又出現時，它會立刻面臨有效的抵抗。

那《28 天毀滅倒數》的「暴戾」病毒呢？它是以伊波拉病毒為基礎，也會造成血紅的眼睛等許多類似的症狀。那麼，這種病毒的其他影響出現的可能性有多大？**病毒會把我們變成暴衝的喪屍嗎？**

速度與狂暴

我很愛快結局的那段細節，變成喪屍的士兵克里夫頓在鏡子裡看見自己的倒影時，他看起來有點困惑。這是不是代表他自己沒有意識到被感染？

我覺得你想太多了。

我不覺得。這是很合理的問題：喪屍有意識到自己是喪屍嗎？

你有意識到自己在說什麼嗎？大家都為了那個掛在鏡子後面的小孩提心吊膽的，你卻在想那個場景是不是構成一個有效的實驗程序。

　　真是諷刺啊。《28 天毀滅倒數》裡的「暴戾」，一開始的設計是希望有助於發現減少暴力的藥物。不幸的是，當病毒 DNA 與伊波拉病毒結合*，演化突變卻造成了完全相反的結果，帶來暴亂、強暴、殺人、飢餓，以及整體來說非常不英國的大不列顛群島。

　　感染伊波拉病毒絕對不會讓任何人暴衝。如我們剛剛所說，它會破壞宿主身體，使受害者變得虛弱，無法為自己做任何事，這是我們對生病的一般反應。事實上，免疫系統的首要工作，就是確保我們把所有資源投入對抗感染，而不是去上班或是去某人家接電線。免疫系統中的生物分子──細胞介素（又稱細胞激素）會讓你腿軟、食慾不振，以確保你不會浪費能量，就連消化這種被動的行為也要減少。那麼，相反的情況可能發生嗎？

　　嗯，是的。我們之所以會知道，是因為確實有些感染會改變人

---

* 我們在續集《28 週毀滅倒數》裡知道這件事。

類行為。有些只是細微的改變，不太可能造成騷動，但其他的就有點可怕了。

讓我們先從最溫和的改變開始說起，這樣會比較容易接受。首先是一種叫做 ATCV-1 的綠藻病毒（chlorovirus）。一開始，我們以為這是感染藻類的病毒。然而，在一次研究發現，這種病毒出現在精神病患者身體內外的微生物中，因此巴爾的摩的約翰霍普金斯大學醫學院裡的微生物學家開始覺得好奇，進行了一些測試，發現百分之四十三的受測樣本身上有這種病毒。

這相當令人憂慮，因為 ATCV-1 具有使大腦混亂的特性。它會使你的大腦視覺與認知過程變慢百分之十，縮短你的專注時間。受到這種病毒感染的老鼠，專注時間會比未受感染的老鼠短，也不像健康老鼠那樣能快速走出迷宮。牠們還會失去好奇心，對探索新事物沒那麼感興趣。據推測，如果這種病毒出現毒性更強的型態，我們會變得更笨——更像喪屍。

好，我們可以和 ATCV-1 和平相處（也許我們根本已經感染它了）。但是我們也和自己的貓和平相處，而牠們身上也有寄生蟲；有些研究者認為，這些寄生蟲也會影響我們行為。你可能已經知道，貓糞便中的寄生蟲弓蟲（Toxoplasma gondii，一種單細胞生物）對懷孕婦女非常危險，因為它會傳到胎兒身上。但事實上，任何人都可能受到感染。預估數字有很多種版本，但一般認為大約三分之一的人類都已受弓蟲感染。它的影響相當輕微——會讓我們變遲緩、暴躁，還有（滿莫名其妙地）更有社交能力。如果你想找某種具刺激性、會讓人變成一大票行動遲緩，但是有攻擊性的喪屍病毒，那不用捨近求遠，看看貓砂盆就好。

致命圈套

「暴戾」病毒造成數百萬人死亡，但還有其他感染威力更強的病原體……，由主天花病毒與次天花病毒引發的天花，是史上唯一從自然界被抹除的人類傳染病。光在二十世紀就造成了超過五億人死亡，沒有人知道過去還有多少人死於天花。

淋巴腺鼠疫大流行帶給我們黑死病，在十四世紀奪走歐洲三分之一的人口，約有七千五百萬人在當時死去。引發黑死病的細菌至今依舊在我們左右，偶爾還會爆發疫情。

西班牙流感在第一次世界大戰末帶來可怕的病毒爆發。地球上約有三分之一的人口被感染，造成五千萬到一億人死亡。

瘧疾寄生蟲每年奪走約兩百萬人的性命，大部分都是五歲以下的小孩。目前仍在研發瘧疾疫苗，但是進度出奇地緩慢，因為大部分患者都在非洲、亞洲與南美洲，他們付不出治療的費用。

HIV造成兩千五百多萬人死亡。儘管我們已經成功研發出控制該病毒的藥物，但它還是會攻擊免疫系統，在世界上無法自由取得該藥物的地區，依舊有不計其數的人喪命。

肺炎是最嚴重的細菌感染，每年有一百到兩百萬人因此死亡。這種細菌寄宿在大約三分之一的人類體內，造成每年約一千萬人罹病。

流感每年奪走五十萬人的性命，由於它演化快速，即使流感疫苗有效，也必須每年重新設計。

斑疹傷寒是一種細菌感染，光是從1918到1922年就造成約三百萬人死亡，此次大流行受害者多數為士兵。這種細菌是經由蝨子擴散，在衛生條件受限的情況下特別致命。現在這種疾病已經受到良好控制，全球致死率只有五百萬分之一。

　　弓蟲研究提出了一些很有意思的發現。比方說，我們知道感染比較容易出現在有某些精神異常症狀的人身上，例如精神分裂症或躁鬱症患者。但更讓人手足無措的，是它與一種稱為「陣發性暴怒疾患」（intermittent explosive disorder，IED）症狀間的關聯性。

　　IED 患者傾向出現短暫的、不受控的攻擊行為，其中一項症狀就是愈來愈常在開車時發飆。根據芝加哥大學的教授艾米爾・柯卡羅（Emil Coccaro）的研究指出，這些人感染弓蟲的機率是「正常」人的兩倍。很難確定貓的寄生蟲如何引發暴怒，但是有一種理論是，感染會誘發大腦的化學物質，過度刺激腦部對感知到的威脅的反應，或者只是抑制了理性評估環境中威脅的處理通道。為什麼呢？也許這使得貓的獵物無法分辨威脅的真假，讓貓能輕鬆獵捕。這就是共生的一個例子：寄生蟲和宿主是互利的。獵物的社交能力增加、彼此互動越頻繁，有助於寄生蟲傳播，同時也使獵物變得有點糊塗、遲緩，讓宿主更能輕鬆獵捕。

　　實驗顯示，弓蟲在人類身上造成的影響比較複雜一點。感染後的女性會比較外向、信任他人，而男性則會比較內向，對他人保持戒心。不過，男女的反應時間都會變慢。如果這是通往喪屍末日之路，那麼未受感染者至少能在戰鬥中支撐下來。

　　也許我們還能做得更好。要製造出喪屍，你需要激烈的行為改變，可能是像蛇形蟲草屬（*Ophiocordyceps*）這種寄生真菌所能造成的結果。這種真菌是在巴西雨林中發現的，它會感染螞蟻，釋放出混合化學物質，使螞蟻變成小小的機器人，無法控制自己的行為。兩天後，這些喪屍蟻就會聽從真菌的指揮，爬到溫度和濕度最適合真菌生長的特定高度，然後用上顎卡在植物上。固定好了以後，真

圖6-3 如何讓沒有戒心的螞蟻變成喪屍

1. 一隻沒有戒心的螞蟻，從雨林地面撿起一顆孢子。孢子製造酵素，突破螞蟻的外骨骼，進入牠體內。

2. 兩天後，螞蟻離開自己的蟻群，爬到真菌生長條件最佳的地點。牠將自己固定在那裡的葉片上，然後死在此處。

3. 真菌從螞蟻的頭裡長出「子座」，裡面有新的孢子，落到地上後會感染更多的螞蟻。

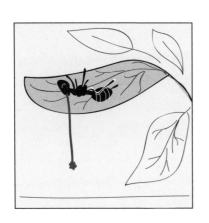

菌就會釋放一種化學武器，殺死這些螞蟻，再從牠們的頭後方長出會釋放孢子的莖，稱為「子座」，進一步散布它們的存在。真的很

陰森。

然而，雖然電視委員會延後播出瑞克在 ITV2 臺的《安全密碼》第三季*，但是目前還沒有發現能感染人類、控制人類心智的真菌。

現在要談談大家最期待的部分了。如果我們想要提高創造出「暴戾」病毒的機率，我們的努力可能不會是肉包子打狗那樣有去無回，尤其是那狗可能得了狂犬病。

狂犬病是真正可怕的疾病。它和伊波拉病毒相似，會造成多重器官衰竭，導致緩慢又折磨的死亡過程。它對人類的致死率幾乎是百分之百，全世界每天有七十五個小孩因狂犬病而死。但是不像伊波拉病毒，狂犬病不會讓人倒下，安靜地死去。它會讓人發狂。

染上狂犬病的人類已經夠倒楣了，還可能會出現瘋狂的攻擊性。他們會經歷幻覺與妄想、瘋狂流汗與流口水，還會有無法控制地想咬人的衝動。這是病毒經典的行為——病毒會累積在唾腺，所以「咬」這個動作，會是感染其他宿主最佳的方式。其他症狀像是怕水或液體，加上受害者試圖吞嚥時會發生無法控制的肌肉痙攣，都在在增加了嚴重性。這些充滿病毒的唾液，最好的散播路徑是透過張大的嘴巴，而不是喉嚨，所以如果你無法喝水，或是連看都不能看那東西，那你就無法稀釋唾液中的病毒含量。這種病毒真的很有一套。

狂犬病病毒能以這種方式控制感染者行為，是因為它會進入中樞神經系統和大腦，形成腫脹，影響人類行為、情緒以及運動功

---

* 譯註：*Safeword*，由本書作者之一瑞克・艾德華斯擔任主持人的英國遊戲節目，賣點為結合名人社群網站，以及激烈的脣槍舌戰。播出期間曾有參加者批評節目過於惡劣，引發爭議。

能。如果你想要證據證明你的自由意志能輕易葬失，而且這種喪屍狀態確實可能發生，就去看看關於狂犬病的科學文獻吧。就像我們說過的，真的很恐怖。

所以，我們對於「暴戾」病毒的結論是什麼？就算只是粗略看過少數幾種已知感染會造成的症狀，我們幾乎就能得到「暴戾」病毒的所有元素，接著只要把這些感染拼湊在一起就好。所以不難想像一個反烏托邦的實驗，把真菌、一些貓大便、得狂犬病的狗的唾液，還有藻類病毒，通通放在一個讓人惡夢連連的有蓋培養皿中，等待演化發揮作用。一段時間後，你可能就會得到很有意思的東西。這東西會讓人想社交，所以會離開家、和他人成群結隊，但又會有不合理的攻擊性，還變得有點笨、有點遲緩，並且像隻興奮的小狗想到處咬人。受感染者還會體驗到「完全無法控制自己行動」這種一點都不令人羨慕的感受。我們能製造出「暴戾」病毒嗎？其實沒有那麼不可能。

所以我們害怕病毒是應該的——尤其是會讓你產生液體的那些。不過我覺得很安慰，因為我們愈來愈能減少威脅了。

可是，萬一有個能把我們都變成喪屍的新東西演化出來，那該怎麼辦？

我還是很驚訝這居然有可能成真。老實說，我覺得毛骨悚然。

其實演化通常是意外造成的，可能要花很長的時間才會實現種種條件。

除非某個喜歡意外的科學家，推了演化一把。

拜託，怎麼可能。

你說真的？你剛剛都沒學到東西嗎？

駭客任務

THE MATRIX

我們活在虛擬世界裡嗎？

我們能體驗「子彈時間」嗎？

我們會有能即時學習的一天嗎？

導演華卓斯基兄弟*真的幹得不錯，這部片都快二十年了，現在看起來視覺效果還是很驚人。

但是他們還是沒辦法讓基努·李維（Keanu Reeves）的演技好一點。

很好，用批評掩飾你的嫉妒，我倒想看看由你演出主角尼歐（Neo）的版本。應該說，我想看你演出任何電影，然後我們就知道誰演技不好了。

你的意思是我嫉妒基努·李維？真是太可笑了。

對啊，你當然不會嫉妒他，我一時忘了你也是坐擁數百萬財產的萬人迷，而且在好萊塢大獲成功……

　　當時是 1999 年（也可能是我們這麼以為），基努·李維過著雙重生活。白天他是湯瑪斯·安德森（Thomas Anderson），一個無聊的老電腦程式設計師；但是到了晚上，他就是以化名「尼歐」行事的駭客。尼歐覺得自己似乎在等待某個東西，但他不確定那是什麼，也許是來自神的啟示，或是網購送來的貨……。

　　真相是，他在等待他的天命，因為他是救世主（THE ONE，

---

* 譯註：Wachowskis，兩人現已公開表明跨性別身份，應為華卓斯基姊妹。

「那個人」)*。不幸的是，伴隨著他的天命而來的，卻是一個讓人眼珠都要掉出來的事實 ——「真實」世界裡的一切其實都是虛擬的。

真相是這樣的，在過去某個時刻，我們和機器發生了一場戰爭。機器贏了，奴役了人類（如果你覺得不可能，可以直接跳到《人造意識》那章，然後你就會直接回到這裡了）。這些機器很聰明，把人類都安裝到一個成熟的電腦程式中：母體（Matrix）。這個程式創造出一個虛擬實境，而我們在當中活得相對滿足，於是對於自己其實是泡在一堆液體中的機器能源這個悲慘的事實，也就不會提出太多問題。

當尼歐發現人類只是一個受哄騙的大型電池包，他就再也不是快樂的（金頂電池）兔子了。總有人得做點什麼……結果，他就是那個人。

這是個很棒的設定。所以我們的第一個問題很明顯：華卓斯基兄弟說的是真的嗎？**我們有可能活在虛擬世界裡嗎？**

似曾相識，全都重來一次

 這就是柏拉圖的洞穴吧？

什麼？

---

* 如果尼歐對回文的知識如同他的駭客技巧一樣厲害，那他早應該知道自己的名字 Neo 改變字母順序就是 ONE，也就救世主的意思。

柏拉圖說過一個故事，人們被關在一個黑暗的洞穴裡，洞穴外有咯咯笑的瘋狂操偶師，操縱手上的木偶製造出各種影子，映照在眼前的牆上，組成人們的世界。因為洞穴裡的人除了平面的影子之外，什麼都看不到，以為那就是真實。

他們不會看看旁邊的人嗎？

什麼？不行，他們的頭被固定，只能往前看。

難道他們不記得有個立體的人，把他們的頭夾住嗎？

那是很久以前的事了，那時候他們還小。

喔，所以這些神奇夾子這麼多年都不用調整或維修？反正他們還是可以從眼角看到別人的啦，不然他們也可以互相交談啊，應該會有人突然打噴嚏或咳嗽吧？

所以我寧願活在母體裡頭，也不要和你在同一個世界生活。

在電影裡，莫菲斯（Morpheus，由勞倫斯·費許朋〔Laurence Fishburn〕飾演）告訴尼歐一個真知灼見：「現實，只是你大腦所解

讀的電子訊號。」但他不是第一個提出這一點的人。現實到底是不是真實的，已經是個老掉牙的問題了。

早在七世紀，勒內・笛卡兒（René Descartes）就曾深入思考過自己會不會只是一顆漂浮的大腦，受到有組織、系統性的欺騙。在《沉思錄》（*Meditations on First Philosophy*）一書中，笛卡兒想像有一個惡魔，不斷向他不知情的腦袋灌輸外在世界的各種謊言。用「由機器領主運作的成熟電腦程式」取代「惡魔」，基本上就可以明白尼歐的處境了。

但是，就算是笛卡兒也不是拔得頭籌的人。早在西元前四世紀，中國思想家莊周就做了個變身為蝴蝶的夢，夢境栩栩如生，讓他醒來時忍不住懷疑：他現在是不是一隻夢到自己變成人的蝴蝶呢？常識會說「不是」，但是他無法百分之百肯定。他的論述是，認為蝴蝶缺乏夢見人類世界的認知能力，其實是站不住腳的說法；因為如果你不能確定自己是不是在作夢，你就不能對「真正的」蝴蝶有多聰明這件事，做出合理的陳述。

再從比較近期來看，包括吉爾伯特・哈曼（Gilbert Harman）、希拉瑞・普特南（Hilary Putnam）等許多二十世紀的哲學家，都思考過一個難以下嚥的概念：桶中大腦（Brain In a Vat，BIV）。這是一個假想的實驗：想像你是一個和一臺電腦連在一起的大腦，這臺電腦能完美模擬這個外在世界的所有經驗（或者至少能模擬一個外在世界）。如果你不能確定你不是一個桶中大腦，那你就不能排除「你對外在世界的所有信仰都是假的」這個可能性。真讓人傷心。

這個假設最凸顯的一個問題是：那些電子訊號是哪裡來的？是邪惡的魔鬼製造的嗎？還是一臺超級電腦產生的？或者是我們平常

假設的：對現實世界刺激的回應？

問題是，你的大腦是某種孤立的思考箱，（希望是）位於你一片黑暗與寂靜的頭骨裡。你的腦是透過神經束傳遞的電子訊號，才得以「知道」外界的每一件事。大腦獲得來自感官的所有資訊，拼湊在一起後，告訴自己這個世界是怎麼回事，像是你手上有一杯很燙的茶。可是在《駭客任務》裡，不論你的手或眼睛傳回什麼樣的訊息，電腦全都能加以複製，而且你還是會覺得手上有一杯熱茶 ── 你這個傻瓜。電影中堪稱慰藉的是，至少你的大腦還留在你蒼白虛弱的身體裡，而不是漂浮在一個罐子裡。

到目前為止，已經讓人覺得惶惶不安了，接著牛津大學的哲學家尼克·博斯特倫（Nick Bostrom）登場了。在《駭客任務》上映四年後的 2003 年，他正式提出了一個更離經叛道的想法：要是所有東西都不是真的，一切都是虛擬的 ── 包括你的腦在內呢？

好的，沒有桶子也沒有大腦，只是意識的模擬。這聽起來可能有些牽強，但是繼續看下去，因為博斯特倫這個老傢伙真的想得很透徹。

首先，他指出我們的科技能力正以驚人的速度在進步。電腦的處理能力愈來愈快，沒有停止的理由。再者，我們似乎對於進行模擬這件事很感興趣，不管是虛擬實境的電動玩具，或是遊戲「模擬市民」（The Sims），還是演化模型都是例子。第三，我們在比對人類大腦圖譜這方面有非常大的進展，而且不惜投入大量經費。

博斯特倫因此得到結論：我們很可能有一天會有能力創造出細節驚人的模擬，並且在我們擁有的大腦知識的幫助下，讓那些表現出所有意識跡象的生命居住其中。這有一點點值得爭議，畢竟沒有

人能確定我們能不能真的為意識做出模型，但就假設我們真的走到那一步了。於是，舉例來說，我們可能會用這些模擬「重跑」歷史，看看事情會不會有所不同。歷史學家和演化生物學家在思想實驗中總是在做這種事。丟出問題：要是我們能「真的」這樣做會有多好啊？一次搞定生命是怎麼開始的……意識是什麼時候出現的……語言的起源……。得到答案：真的、真的很棒。

如果博斯特倫是對的，那麼這一切將導向三種可能的未來，合在一起就成了他的「模擬論」。第一種未來是，人類在達到必要的科技進步程度前就先滅亡了。在這樣的情境中，模擬永遠不會發生。第二種未來是，我們的科技能力達到了必要程度，但是決定不要進行這樣的模擬，可能是因為我們覺得無聊了，或認定它是不道德的。最後的可能性是，我們成為那些可怕的、高科技的超級阿宅，開始進行那些溯源模擬（之類的）。

讓我們一個一個來看這些選項。第一個還滿慘的。既然我們現在並不覺得進行初階模擬是遙不可及的事，這個選項似乎暗示我們就快完蛋了。第二個選項看起來沒那麼容易發生。人類很好奇，而且如果我們有能力做點什麼，我們會傾向著手去做。此外，如果那些專門重演歷史場景的社團組織的經驗值得參考，那人類真的很喜歡反覆感受悲慘的過去。

剩下第三個選項了，就是博斯特倫的模擬假設，認為人類——或者可能是後人類（post-humans）——對於溯源模擬極度感興趣（和我們現在一樣），而且有能力創造出具有意識的存在。

因為運算能力在此時已經非常強大，所以在極短的時間內運作大量的模擬也是做得到的。這代表你有基本層的真實人類或後人

類 —— 那些創造出最早的模擬的人 —— 以及所有生活在這個模擬
當中的模擬人類。基本層的現實意識在數量上會遠低於模擬意識；
也就是說，考慮到我們的意識的統計結果，我們必須勉為其難地承
認：我們比較可能是模擬的。該死。

那我們要怎麼證明？如果我們能找到「母體內的任何小故
障」，也許會有幫助。根據推測，程式碼不是完美的，例如在電影

圖7-1 我們活在虛擬世界裡嗎？由你決定。

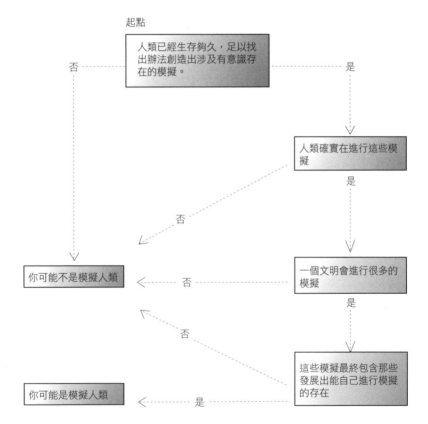

裡，有一隻貓經過尼歐身邊兩次，這個洩漏的天機讓他知道自己身處模擬世界，而非真實世界。「似曾相識」（déjà vu）的經驗是一個線索。

不然的話，模擬環境也許有時候會變得有點粗糙，使我們看到落差和小故障。如果模擬環境的操作者擔心運算能力不夠，他們只能從我們在宇宙中的位置到我們看得到的範圍內創造模擬環境，可能就會出現一些落差。也就是說，很多非常遙遠的東西演繹（或稱算圖*）出來的品質可能會很低，就像早期電影裡的手繪背景一樣，誰知道呢。同樣的，可能根本不用演繹出所有小東西，除非有人在看——快，他們拿出了電子顯微鏡了！用程式設定一些粒子表現出粒子的行為！這是經典的「如果一棵樹在森林裡倒下，但沒有人聽見，那它有發出聲音嗎」之類的說法。如果我們活在一個半調子的模擬環境中，可能的答案就是「否」，它沒有發出聲音，因為負責運作我們的模擬世界的那夥人想要節約運算能力。所以也許，只是也許，我們能發現他們的狐狸尾巴。

至於我們的模擬環境運作的第三種可能方式，如果我們真的對它有所了解，結果會令人沮喪許多，或者將令人沮喪。整個環境可能會斷電，這個模擬被強制關掉，或是重新配置運算資源，打斷我們正常的功能。擔憂這種可能性很合理，畢竟操作員也許會覺得我們很無聊，決定跑另外一個更好的模擬環境，這就是開始讓人沮喪的地方了。

---

* 譯註：指透過電腦程式製作出模型影像的程序。先演算物體的材質、紋理、光影後再繪製成影像，讓使用者看見。

數位天堂

未來主義者羅賓‧韓森（Robin Hanson），在2016年出版了《Em時代》（*The Age of Em*）一書，主張在我們完全破解人工智慧，並且有能力運作博斯特倫提出的龐大模擬之前，我們也許會先有能力複製數位版的自己，他稱之為Em。韓森想像一個人能擁有一大群Em，可以派它們去做各式各樣的事。這樣一來，一心多用可容易了。假設你的Em都在從事能賺錢的工作，那麼你就能在這樣的未來舒舒服服地放鬆享福。

如果我們事實上是住在一個套疊的模擬環境中，那麼對來生的概念也會有些影響。人類一直著迷於死後復活的概念，但如果我們就像韓森所假設的，只是模擬的意識、只是幾行程式碼，那麼「復活」就是最貼切的描述了，因為如此一來，我們就能輕易被複製到其他電腦裡。如果你在一個模擬宇宙中死去，維護程式運作的人可以選擇是否在更高層的宇宙中，重新創造你成為Em，就像從錦標賽被提拔到超級聯賽一樣。只不過超級聯賽可能還不是最高等級的比賽，你可能會一再地被重新創造出來，並在模擬宇宙中不斷往上爬。不過，在我們之上的模擬裝置，不太可能一視同仁地重新創造和提拔，也許只有好人能獲選吧……

　　假設有一大疊模擬中的模擬，最下面是單一基本層的「現實」，那麼愈接近上面，模擬的密度就會愈高。你可以想像一個倒過來的金字塔，每一個模擬都支撐著更多的模擬，上面又有更多的模擬，層層疊疊到最頂端。每一層都有自己的多個模擬，因此上面一定有熙熙攘攘的假現實在運作。同樣地，在統計上而言，我們比較可能接近頂端。也因為一切都處於危險平衡，更象徵著一個清楚

而迫切的危機——我們的模擬不只可能會被關掉，如果在這個模擬家族中，任何一個在我們下面的模擬環境被刪除，我們也會一併被丟進虛無當中。

唯一的救贖是這個。如同剛剛提過的，創造模擬意識也許根本不可能。克里斯多夫·柯霍（Christof Koch）是一位備受敬重的神經科學家，研究意識已經有數十年。他目前擔任艾倫腦科學研究所的所長，該研究所的目標是建立腦中每個神經元（大腦細胞）與突觸（連接兩個神經元的東西）的完整圖解。他相信，像這樣模擬大腦構造的實體機器可能有意識——用他的話來說：「它會感覺到身為這臺電腦的感覺。」然而，他並不相信數位模擬，也就是大腦的某種軟體模型會有意識。柯霍主張，模擬的意識什麼都感覺不到，就像是一個實體的人不能住在模擬的房子裡一樣；就像英國氣象局的電腦能進行包括雨雲的模擬，但從來不會真的把電腦迴路給弄濕。

事實上，柯霍推想，我們感覺得到萬物的這個事實，就證明了我們不會是虛擬環境的一部分，但是包括博斯特倫在內的許多人就是不同意。所以我們其實沒有答案。不過說到底，就算我們和我們的現實是模擬的，那真的很重要嗎？難道這樣世界就會比較不真實了嗎？很多對模擬論述沒興趣的物理學家相信，反正物理宇宙中所有的表徵和過程，最終都能精簡成資訊的處理，所以是不是模擬有差嗎？一棵樹就算是數位編碼，而不是純粹的生物學所組成的，它還是一棵樹。一切都還是一樣。

不過，我們對時間的感知可能就是個例外。這就是《駭客任務》又得分的地方。我們物理宇宙中的謎團之一，就是時間是憑空出現的，它在我們的頭腦裡，但不一定是宇宙裡的固定元素（回想

一下《回到未來》那章）。在這裡，華卓斯基兄弟又讓我們更摸不著頭腦了。我們可以說，他們最讓人腦袋爆炸的不是模擬世界的說法，而是後來被稱為「子彈時間」的東西。

尼歐在《駭客任務》裡的絕招令人大感驚奇，因為他不受虛擬環境中運行的時鐘限制，所以他能抽離，讓周圍慢下來，藉此躲開探員發射的子彈。所以如果你想躲子彈（誰不想？），你只需要讓外部世界的時間流逝速度，比在你身上流逝的速度更慢就行了。這讓我們不得不問第二個問題：**我們能獲得子彈時間嗎？拜託？**

寧死也要獲得的時間

你有看過麥爾坎‧葛拉威爾（Malcolm Gladwell）那本書嗎？書裡說他花了一萬個小時精通一項技能。真的很久吧？我不確定我是否那麼想要某個技能。你覺得你會為了任何東西投入一萬個小時嗎？

有，想辦法讓書賣得和葛拉威爾一樣好。

 進行得不是很順利吧？

說句公道話，我大約已經投入了七千小時了。

 是喔，但我不確定你的工作時數是不是還有三千個小時。

　　真相來了——電影都是騙人的。你在看《駭客任務》時，看到的是連續的靜止影像，只是你的大腦解釋為它們在運動。當然囉，你早就知道了。不過，你是否想過這代表什麼？電影的連續動作能成功，暗示了我們的腦在欺騙我們；而大腦欺騙我們最嚴重的，莫過於我們對時間的感知。

　　時間是我們大腦粗製濫造的一棟東搖西晃的大樓。你頭骨裡的那個果凍，收集了各種可取得的感官資訊，例如視覺與聽覺線索，創造出一種印象，說明事件的時間長度與順序。所以，生命雖然彷彿在連續的線軸上開展，但你的腦其實只是把外在世界的許多片段集合在一起，就和你在看《駭客任務》或其他電影時它做的事一樣。因此，時間在每個人身上流逝的速度其實不同，會根據訊號要花多久時間通過身體而決定。

　　要為人腦從環境中取樣的速率定下一個特定的值並不容易，不過如果我們想要體驗「子彈時間」，我們應該只要大幅提高大腦的取樣率，並重新校準我們的「主觀時間」（我們感知到的事物持續時間長度）與「客觀時間」（我們的手錶告訴我們時間過了多久）的比較結果。如果我們的腦知道——或是以為它知道——每秒將會得到 x 個影格的視覺資訊，但若突然把取樣率加倍，成為每秒 $2x$ 個影格，大腦就會把這段時間解釋為原本的兩倍。換句話說，時間感覺就像是慢下來了。主觀時間會被改變，但客觀時間還是一樣。賓果！子彈時間到手。*

　　有可能嗎？嗯，說不定。蒼蠅對世界取樣比我們快得多，這代

---

* 老實說，使用子彈時間改善你玩賓果的表現是有點浪費啦。

過時的大師

「活在當下真的很重要」，這是教人自立的大師會講的話。令人開心的是，這不可能做到，因為我們都活在過去。

全都要怪我們大腦處理感官資訊的方式。資料以不同的速度從不同的地方進來，並由大腦的不同區塊加以處理。接著，大腦必須漂亮地進行「時間整合」，將所有東西編輯、縫合在一起，創造出清楚的事件輪廓。

這導致一個意料之外的結果，就是大腦必須等到動作最慢的那個資訊抵達，才能進行最後的組合。耽擱的時間大約是十分之一秒，但確切的時間會根據你的體型而定。邁可沒有瑞克那麼病態的高，所以如果有人同時碰他們的腳趾，這個感官資訊需要比較長的時間才能傳到瑞克的腦。邁可短短的四肢總算讓他有個優勢了 —— 他很接近活在當下。

此外，等待所有資訊抵達只是比賽的一半而已。你的腦假設你在與世界互動時，所有相對應的視覺影像、觸摸、聲音都是同時發生的。當你彈手指，做這件事的感覺、這件事發生的畫面、彈手指的聲音，似乎理所當然都是同時發生。但其實大腦必須額外做點努力，預期到即將傳來的訊號，才能達到這種同步感，讓你對情況有合理的感受。

表相對於我們，牠們活在一個時間慢很多的世界裡，因為牠們是用一個更精細的刻度在觀察動作。這就是為什麼我們相信蒼蠅很容易就能躲過報紙的攻擊，對牠們來說，報紙根本是在散步。蒼蠅隨時都在過牠們自己的「子彈時間」，或者你可以說是「報紙卷時間」。

而且你不是沒有經歷過類似「子彈時間」的東西。很多人都有經驗，覺得在某些時刻 —— 通常是危險或是高壓時 —— 時間彷彿走得比較慢。為什麼？有沒有可能是我們的大腦提高了取樣率呢？

神經科學家大衛・伊葛門（David Eagleman）試圖用一個超乎尋常的實驗回答這個問題。他說服一群自願者乘坐遊樂園裡的「懸空掉接裝置」，其實就是從五十層樓高的平臺往下掉。這東西非常可怕——正是伊葛門想要的。

他要求自願者在事後回報他們掉落的時間長度，還要他們看著其他自願者往下掉，估計那些人經歷的時間長度。自願者估計的自己掉落時間，大約都比實際多了三分之一。這就是時間膨脹（time-dilation）效果，顯示對於嚇壞的自由落體乘坐者來說，主觀時間變慢了。目前為止，沒什麼問題。

除此之外，每個乘坐者身上都穿戴了伊葛門和學生切斯・史戴特森（Chess Stetson）*一起發明的「精密感知計」。其實就是一支會閃出隨機數字的手錶，數字出現的速率可調整。精密感知計可能會在黑色的背景上閃出紅色的數字 83，接著在紅色的背景上閃出黑色的 83——和前一次畫面完全相反的色彩配置。

當兩個影像在不到一百毫秒之類的極短時間內前後出現，大腦的校正程式就會整合兩個影像。所以如果第二個影像（也就是第一個影像的負片）很快就出現，大腦會看到一片空白。

自願者將精密感知計戴在手腕，伊葛門事先調整了數字閃出的速率，建立每個自願者的感知門檻——上限是自願者勉強看到數字的速率，接著他再調快一點點。如果自由落體時的時間真的過得比較慢，那麼受試者的時間解析度就會比較高，也就是「每秒影格

---

* 這是科學證明最美國人的名字了。（譯註：Chess Stetson 兩個字都是物品，chess 是西洋棋，stetson 是寬邊帽。此處作者暗諷美國人取名字沒有文化。）

數」較多，因此他們應該能看到以更高速率閃過的數字。

實驗結果打破了我們原本的看法 —— 沒有任何自願者在墜落時能看到那些數字，暗示掉落者根本沒有經歷較高的時間解析度。那為什麼大家回報的掉落時間，都比實際時間長呢？

這可能是因為危險會讓我們有一種特殊的假記憶。在壓力之下，腦中的杏仁核會接管大腦，以「高畫質」記錄記憶，而事後大腦回想這段記憶時，會看到高密度的資料，於是錯以為當時一定是花了一段時間才能記下這麼多東西。用伊葛門的話來說，你會覺得：「媽啊，那真是超久的。」

如果伊葛門是對的，那麼你在危險時刻也不太可能像蒼蠅那樣。你無法躲開危險，因為時間沒有變慢，你只是對威脅的回憶更詳細。就像是尼歐記得子彈以慢動作朝他飛來，但是他無法移動：「那顆子彈要打中我了，那顆子彈要打中我了，糟糕！那顆子彈打中我了！」

想到這裡，這真是最糟的可能性了：對於無法迴避的災難擁有強大、詳細的記憶。但是等一下，這些都無法解釋關於短暫、危險情況的常見回憶。我們通常會對於在客觀的「轉瞬間」，腦海中冒出的想法與表現出的行動數量之多感到不可思議。如果以伊葛門的自由落體實驗來解釋，時間解析度並沒有加強、時間變慢也只是記憶玩的把戲，那麼為什麼我們的反應像是時間為我們變慢了呢？

芬蘭圖爾庫大學的維塔利・亞斯提拉（Valtteri Arstila）的論點也許是我們的救星。他主張，和「戰鬥或逃跑」反應有關的壓力荷爾蒙，會迅速啟動可大幅加速大腦處理能力與速度的機制，使得大腦覺得外在的世界彷彿變慢了。以從事高風險極限運動者為對象的

圖7-2 精密感知計的原理

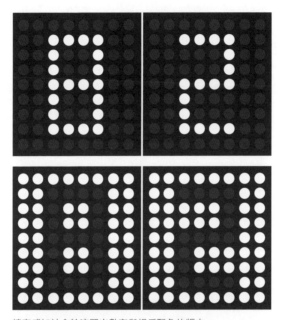

精密感知計會輪流閃出數字與相反配色的版本。

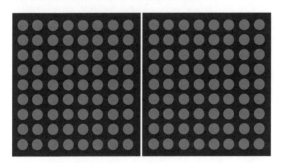

當交換的間隔時間變短,大腦會結合兩個畫面,創造出
「零」的組合,我們就看不到數字了。

研究顯示,有些人能「打開」這種時間變慢的感知,換句話說,他
們能以此控制他們自己的子彈時間。

　　就算這是真的，這個機制也尚未獲得了解，所以我們不清楚你要怎麼做才能得到這種好處 —— 除了不斷在懸崖邊進行特技跳傘，或是從事其他不怕死的愚蠢消遣之外的方法。不過，我們這些凡人／有腦袋的人還是有希望的。在基爾大學的實驗裡，受試者會先聽一段長度十秒鐘的快速滴答聲（大約每秒五聲），接著進行一些基本心智任務，例如算術、回憶單字，以及辨識目標。聽過滴答聲後，受試者會處理任務的速度，會比還沒聽的時候快了百分之十到二十，顯示他們腦中的時間速率以某種方式加速了。

　　這個我們覺得可以。這些變化也許不能幫我們躲子彈，但是偶爾能幫腦袋換檔也不錯。於是我們要提出第三個問題。在《駭客任務》裡，尼歐透過一個插入式的介面，將多種技巧模型上傳到他的大腦，因而學會武術（還有很多其他事）。我們有一天能做到一樣的事嗎？**我們會有能即時學習的一天嗎？**

我會功夫

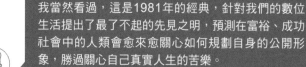

開拍之前，《駭客任務》的所有主要演員都要先讀尚·布希亞（Jean Baudrillard）的《擬像與模擬》（*Simulacra and Simulation*）這本書。你看過嗎？

我當然看過，這是1981年的經典，針對我們的數位生活提出了最了不起的先見之明，預測在富裕、成功社會中的人類會愈來愈關心如何規劃自身的公開形象，勝過關心自己真實人生的苦樂。

你是不是覺得很有共鳴？

 確實曾經是這樣，但我現在已經戒掉所有形式的社交媒體了。

戒了多久？

 差不多五個小時。但我覺得好像過了一輩子。

《駭客任務》中最有名的片段，是基努‧李維與電腦連接，把武術能力下載到他的大腦；沒多久，他張開眼睛，以毫無說服力的單調語氣宣稱：「我會功夫。」你也許不想成為尼歐，承擔「救世主」那些重責大任，但是你一定會希望自己能不費吹灰之力就學會很多事。

如果我們想在大腦學習事物的傳統方法中抄捷徑，最好先了解大腦到底是怎麼吸收知識的；不幸的是，這還挺困難的。當我們學習時，大腦的生理構造會改變，而腦部細胞的連接強度，將決定記憶的品質以及回想的輕鬆度。所以學習需要神經元放電產生訊號，藉以創造或是強化特定神經元間的突觸連結。葛拉威爾的一萬小時練習，正是透過形成神經元間的連結，一點一滴滲透到心智與肌肉的記憶中。當我在學習新東西時，回想和記憶都會因為頻率（也就是做很多次）以及時近程度（持續做這件事）而加強。

　　這不令人意外，神經科學家已經在老鼠身上看到這些。當老鼠的小腦袋裡的兩個神經元有規律互動時，就會形成連結，達到更準確的傳輸。反過來也一樣，當神經元彼此不太溝通時，它們的傳輸通常是不完整的，記憶會變得坑坑疤疤，或是根本沒有記憶。

　　於是，真正的挑戰在於要辨識出會導致學習發生當下的那一種放電模式，然後持續刺激大腦，使其一再進行那個特定的放電模

打領帶的方式有多少種？

能宣稱自己催生數千種打領帶新方法的電影不多，但《駭客任務》三部曲可以。

1999年，正好是第一集上映的那年，湯馬斯・芬克（Thomas Fink）和永茅（Yong Mao）兩名數學家發展出一套領帶結的標記法，顯示領帶結只有八十五種打法。然而，瑞典數學家麥克・維德摩─約翰森（Mikael Vejdemo-Johansson）無意間看到一段You-Tube影片，教大家如何打出和《駭客任務》裡後來出現的角色──法國佬梅若賓基恩一樣的領帶結。這下子，維德摩─約翰森便解開了這個八十五種打法的結，他也立刻注意到，芬克與茅的研究中漏了法國佬這個花俏的領帶結。兩個傻瓜！

所以維德摩─約翰森做了所有人此時會做的事──他重寫了領帶標記法，好把梅若賓基恩的那個領帶結納入其中。他也改寫了一條規則：芬克與茅原本斷定可行的「捲繞動作」的最大數量是八，因為大於這個數字會使得領帶短得可笑。但是維德摩─約翰森發現，你永遠都能讓領帶變長，所以最多可以有十一個捲繞動作。

所以領帶結的最大數量從八十五躍升到十七萬七千種以上。這麼龐大的數字令芬克與茅相當難堪，再也沒有臉出現在領帶圈了。

式，直到突觸以你需要的方式相連接為止。

我們要怎麼做到這一點？嗯，目前最大的希望是一種稱為「解碼神經反饋」（decoded neurofeedback，DNF）的技術。基本理論是這樣的：假設瑞克可以輕鬆完成魔術方塊，但是邁可不能，瑞克可以教邁可怎麼做，但是這樣要花一點時間，邁可也不喜歡瑞克居然會比他厲害。所以，我們就利用功能性磁振造影（fMRI）掃描機，測量瑞克玩魔術方塊時的神經元活動，並且記錄下來。現在瑞克可以離開了，去主持日間冷門猜謎節目什麼的，隨便。

而不必去主持節目的邁可就黏上了這臺掃瞄機。電腦演算法會分析他的神經元活動，與瑞克的神經元活動紀錄比對。現在，讓邁可在螢幕上看一個影像，例如一個圓圈，演算法就能教他的神經元與瑞克的活動愈來愈相似。邁可的神經元模式與瑞克的模式愈像，這個圓就會變得愈大；若兩者差距愈大，圓就會變小。透過這種正面與負面反饋，邁可的大腦會愈來愈習慣這些放電模式，最後就能針對這項任務，誘發這種完美的神經元活動模式。這裡要特別強調，邁可必須完全不知道自己在學什麼。他唯一要做的，就是讓他的大腦對螢幕上的圓做出反應，最後他就會是個完全成熟的魔術方塊專家了。

必須澄清的是，DNF 技術還不夠成熟，所以其實不能教人學會解魔術方塊這種複雜的過程。但是這種技術已經在視覺皮質成功示範，據信這裡是最容易測試的區域。渡邊武郎（Takeo Watanabe）教授與他在布朗大學的團隊，使用解碼 fMRI 誘發符合目標狀態，也就是和簡單的條紋模式一致的大腦活動模式。好，這不如立刻學會解魔術方塊那樣令人興奮，更比不上學會功夫了，但至少是個開

始。渡邊教授的團隊可以改善受試者的視覺表現，更厲害的是，這種改善是長期的。所以這種初級的「內隱學習」（implicit learning）是有用的，而且根據渡邊教授研究，理論上這種學習方式還能延伸到複雜的運動技巧，例如學會功夫。

很厲害吧？當然。但是有一個陷阱（當然有了）。大腦活動模式和肌肉運動間的關係複雜得不得了，導致極大的個體差異。瑞克解魔術方塊的神經元編碼，不太可能和其他人的一模一樣；換句話說，我們的腦不像電腦那樣人人相同，因此不管是任何任務，要形成一個概括性的、標準化的「程式」，都可能是難以達成的。

但也不是完全沒有希望。另一種涉及用溫和電流刺激大腦的技術，似乎就能加速與改善學習。方法有二，一是使用穿透頭骨的跨顱直流電刺激（transcranial direct current stimulation，tDCS），二是使用經顱隨機噪聲刺激（transcranial random noise stimulation，tRNS）。前者透過某種裝在頭骨的電極，傳送微弱但持續的電流；後者則是使用隨機變動的電流。如果你對於把電傳到你的大腦裡感到不適，你應該要知道 tRNS 顯然比較舒服一點。

tDCS 已經顯示能夠改善人類學習一串數字的能力，而 tRNS 比較新一點，已經協助改善不少數字技巧。相較於電極沒有接上任何有用東西的對照組，使用 tRNS 的受試者可以記住新的等式進行新的計算，因為 tRNS 似乎能刺激我們認為在數學認知方面扮演要角的那部分大腦。奇怪的是，tRNS 似乎也能讓大腦更有效率，這組的新陳代謝程度會比對照組明顯低很多。

這些初步的成功，代表在不久後的未來就能發展出更成熟的認知訓練程式。那我們要如何取得這些程式？在《駭客任務》裡，尼

歐頭上插了一個接頭，這似乎是可接受的，因為我們已經有運作得滿順利的人機介面了。雖然聽起來像是未來的想像，不過我們確實可以創造輸入大腦的電子訊號，或是直接在大腦間轉移思想。

1990 年代末，巴西研究人員米蓋爾‧尼可拉利斯（Miguel Nicolelis）教會一隻猴子控制電腦螢幕上一個點的位置，先是操作搖桿，然後以意識控制。先沉澱一下，好好理解這句話。一隻猴子……以意志力……控制游標。在這之後，尼可拉利斯使用了類似的介面，使癱瘓的人類患者得以控制義肢。其中一名患者成功使用機械外骨骼，於 2014 年在巴西聖保羅的歌林多球場為世界盃開球。

下一步實驗則涉及腦對腦介面：將來自一個頭骨內一組放電神經元的訊號，匯入另一個頭骨內的另一組神經元，然後觀察結果。兩名大膽的研究者坐在不同的房間裡，戴著能捕捉他們腦波的腦電圖（electroencephalography，EEG）頭盔。來自一個 EEG 頭盔的訊號會匯入另一個頭盔，所以當一號研究員想像自己在玩電動，並用想像力按下射擊按鍵時，他的腦波會傳送到隔壁房間。二號研究者除了頭盔之外，在控制手指運動的大腦區域上方還戴著一個經顱磁刺激（transcranial magnetic stimulation，TMS）線圈，可散發集中的電子訊號。當一號研究員想像按下射擊鍵時，他的 EEG 頭盔會「看到」這件事，並傳送給二號研究員的 TMS 線圈。接著，線圈會以 EEG 訊號為基礎發射出訊號，二號研究員的手指真的也按下了按鍵。這顯然令人感到非常不安，一個人的手指受到控制時，居然無法分辨下指令的到底是自己的大腦，還是來自一個外在的源頭。這和你腦袋裡有個聲音不一樣，就像二號研究員所說：「第一次發生時，我甚至沒有發現我的手動了。我只是在等待某事發生……」

圖7-3 猴子如何用心智能力控制游標

一開始，猴子學習用搖桿在螢幕上移動游標。這段期間裡，
電腦會分析這隻猴子的大腦訊號，與游標運動加以比對。

接著拿走搖桿，現在猴子可以只要用想的就移動游標，因為
電腦能解讀猴子的腦部活動。

　　超奇怪的。但顯然身體運動是可能透過大腦介面而輸入人腦，學習是能被刺激的，運動也是能被刺激的。也許有一天，有人會幫自己插上接頭，沒多久就宣稱他們學會了功夫。

 這一切都讓我的頭好痛，我應該卸載掉才對。

有一天你會的。

 我等不及了。所以子彈時間很難達到，但如果你是一隻蒼蠅，或是腎上腺素毒蟲，或是腎上腺素毒蟲蒼蠅，那子彈時間可能算已經存在了，即時學習即將出現在你家附近的私立學校。我們可能是活在虛擬世界裡──但想證明這一點，就祝你好運了。

但還是值得一試啊。會不會有某種公民不服從，使後人類過載突然間現形？如果我們開始嘗試破壞他們的電腦系統，你覺得他們會怎麼反應？

 不要……我們可以停止討論這件事了嗎？拜託。都是他，是他說的。我活得很快樂，謝謝。刪除他吧。

你完全不是當尼歐的料，對吧？

千鈞一髮
GATTACA

基因是否決定我們的一切？

以基因為基礎的預測有多準確？

我們是否應該利用基因學創造出完美人類？

我記得自己去看這部電影時,我在電影院裡一直暗中沾沾自喜,因為我知道為什麼片頭要特別強調英文字母A、C、G、T。

好像我很難想像你沾沾自喜的樣子似的,瑞克。

當我發現這部片名本身就是一個DNA序列時,我更得意了。這個片名是由代表DNA的四個元素的四個字母所組成,分別是腺嘌呤(adenine,A)、胞嘧啶(cytosine,C)、鳥嘌呤(guanine,G)、胸腺嘧啶(thymine,T)。

我想你應該是那少數發現這件事的人之一。

你說真的?

假的。

　　在《千鈞一髮》裡,伊森・霍克飾演的文森有一個嚴重的問題:他是爸媽以老派方式懷上的孩子——兩人做愛,然後懷孕……你懂的。在《千鈞一髮》的世界裡,這樣不行,你應該要使用基因篩檢和試管受精,確保寶寶盡可能完美無瑕。

　　文森蹦出媽媽的肚子後,對此不贊成的醫生從他的腳踝抽了血,差不多一轉眼就做完了DNA分析,得到一長串這個新生兒未

來可能會有的問題與基因狀況。心臟問題是其中之一，因此他的預期壽命是三十‧二年。這很嚴重，對他父母安排的新生兒派對來說，想必是個掃興的壞消息。

與文森形成鮮明對比的，是他父母不再冒險而生下的弟弟——完美的安東。在諮詢友善的當地遺傳學家後，他們選了一個最佳的胚胎進行試管，象徵兩人基因的終極結合。就如那名遺傳學家所說：「這個孩子依舊是你，只不過是你的最好版本。」

《千鈞一髮》的世界裡有兩個階級：基因強化後的「有價人」，以及基因上應該較劣等的「無價人」。此外還有很嚴重的「基因主義」，會基於某人的基因而歧視對方。因此，我們的第一個問題必然是這部電影的前提所引發：**基因是否決定我們的一切？**

恭喜，是個男孩

想聽個《千鈞一髮》小花絮嗎？

我有選擇嗎？

當然沒有。電影上映前的宣傳活動之一是全版的報紙廣告，標題是「訂製孩子」。上面有一連串你，也就是勤奮的父母可以選擇的表徵，像是性別、身材、膚色、運動能力、智商……。然後，一如你預期，有超多笨蛋真的打電話下訂單。

這完全可以理解。你看過我的孩子嗎？我下次絕對想要更好的成果。

合理。但是你必須記住，科學家還是只有你的基因可以用。他們無法創造奇蹟。這讓我想到，你想不想知道我最喜歡這部片的哪個部分？

是醫生說他希望他的父母，也訂了像文森那樣的小雞雞嗎？

不對……嗯，是的。

　　《千鈞一髮》的世界觀，是基因成就人的價值。這就是為什麼文森基因優良的弟弟安東，會因為在一場游泳比賽中輸給哥哥而震驚。「你怎麼做到的，文森？」精疲力盡、差點溺水的他這麼問：「你怎麼做到這些事的？」

　　《千鈞一髮》是 1997 年的電影，堪稱是「我們的基因會解開人類之謎，疾病將成為歷史記載中的胡言亂語」這種想法的最高峰。因發現 DNA 而享譽盛名的詹姆斯・華生（James Watson）說過一些荒唐的話，如：「我們曾經以為可以從我們的星座看到自己的命運，現在我們知道，很大程度上，我們命運就在自己的基因裡。」

　　當時是人類基因體計畫（又稱人類基因組計畫）最活躍、最昂貴，並提出種種承諾的時候。計畫主持人法蘭西斯・柯林斯

（Francis Collins）喋喋不休地說著「人類生命之書的最初草稿」之類的話，總之是很強大的東西。結果就是，太強大了。人類基因體計畫的成果是一本書，但是冗長複雜到無法閱讀，書寫的語言更是我們無法完全理解的。

就化學層面而言，一個基因是一串的分子。人類的基因組合（人類基因體）是一條長鍊，由四種基本的化學積木所構成：腺嘌呤、胞嘧啶、鳥嘌呤、胸腺嘧啶，分別簡稱為 A、C、G、T。它們在基因體內的意義，不只是電影名稱裡的字母而已，你可以把它們想成能夠形成非常長的一組文字的字母，組合成建造人類的指令。

我們的基因體基本上就是一組指令。雖然只有四個字母，但是基因體全長約有三十億個字母。*這些字母被分成大約兩萬個單位，也就是所謂的「基因」，各自編碼製造一種或一組蛋白質的指令。

基因字母以一種特殊的方式互相連結，在一股上的 A，會和另一股上的 T 成對，C 則和 G 成對，就像梯子橫階的兩端那樣，成對固定在基本上只由糖和磷酸鹽分子組成的兩條長鍊上，形成長長的雙股螺旋體，也就是我們所知的 DNA。

身體內幾乎所有細胞的細胞核裡都有這個基因體的複本。如果需要製造新的生物組織，就會有大批的分子機器利用這些指令為基礎，進行它們的工作。

只要這樣就能做出你的生理複製品嗎？不，差得遠了。基因雖然很重要，但並不是一切，原因有幾個，其中之一是我們在《決戰

---

* 這個「龐大」的數字沒什麼好驕傲的。一種稱為「大王肺魚」（marbled lungfish，或稱「石花肺魚」）的醜傢伙，其基因體有一千三百三十億個字母。不信的話自己去查。

猩球》裡講到的，你和黑猩猩的基因有百分之九十八‧五相同，但牠們是生物學上一個不同的物種。這代表，建造出你，以及建造出另外一個靈長類野獸，兩者間巨大的差異僅存在你百分之一‧二的基因體內。

至於人類之間的差異，只編碼在我們約百分之〇‧〇七的基因體內而已。在瑞克的三十億個字母中，有二十九億九千八百萬個字母和邁可是一模一樣的。如果你沒有對數學在行的基因（而且根本沒有這東西，但等等才會講到這個誤解），我們再解釋一下：你和坐在你旁邊的那個人，只有一千兩百萬個鹼基對不一樣。

此外還要考慮「垃圾」DNA。人類的長雙股螺旋體，大部分──極大的百分之九十八──都沒有編碼任何蛋白質的建構資訊，而是看起來隨機的 A、C、G、T 排列。不同物種的垃圾 DNA 數量也不同，雖然有愈來愈多人猜測，這些「沒用」的序列有某些作用，但沒人知道那個某些作用是什麼。

而且，你的基因體的用途不只和基因有關，還與酵素、蛋白質等等這類建造細胞的分子機制有關。

我們不會深入討論分子生物學的細節，但是想想看，我們的基因體控制十萬種蛋白質的製造。在不同種類的細胞內，這些蛋白質的製造也有所不同，它們是差異化的幕後功臣，使皮膚細胞與神經細胞不同，和血液細胞或其他細胞也都不一樣。但是儘管我們的基因控制了蛋白質製造，細胞卻也會控制我們的基因活動，改變製造蛋白質的方式──又是一個經典的雞生蛋、蛋生雞的問題。另外一項重要的因素是，我們的基因如何在發育期間彼此互動──一種基因的活動可能會影響到另一種基因的活動。還有，同樣的基因，在

圖8-1 不同物種的「垃圾」DNA數量也不同

狸藻：97%基因；3%垃圾　　　　　　人類：2%基因；98%垃圾

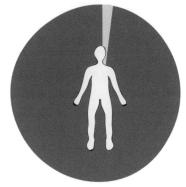

黑葡萄：46%基因；54%垃圾　　　　線蟲：29%基因；71%垃圾

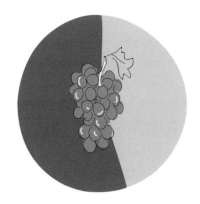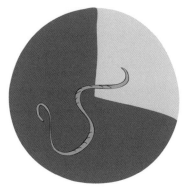

不同的基因體內，可能會做完全不一樣的事。此外還有「表觀」──環境對我們的基因活動造成影響，而且這種影響是可以遺傳的。

　　一言以蔽之，這真的很複雜。決定有機體特徵的因素非常多，包含它的基因、它的DNA股如何剛好盤繞在細胞核裡、細胞活動、細胞內的化學物質、細胞間的互動，還有食物、壓力或汙染等

等外在條件。這些東西加在一起的情況,遠比只是「這就是我的基因」還要更精巧微妙。

讓我們以智力為例。針對雙胞胎以及領養孩子與家庭的研究都顯示,智力有很大一部分是遺傳的,大多焦點都放在 FNBP1L 這個基因以及一大群複雜的其他基因上。然而,要預測智力真的不是一門斬釘截鐵的科學。

首先,環境在這方面的影響力非常大。小孩的家庭環境、父母的教養態度、教育與學習資源的取得性、營養等種種相關因素,都會對智力造成影響。一個人的環境與基因會彼此影響,光是要區別環境和基因造成的效果就成了一大挑戰。舉例來說,如果一個孩子的智商(IQ)和父母類似,那這樣的相似性是因為父母的基因遺傳到孩子身上,還是因為他們擁有相同的環境因素?很可能是兩者結合所造成的。此外,智力這類的表徵基因也可能會因為環境而出現或消失。外在壓力可能會讓某些基因優勢跳出來,或是使其變得不適宜。

最後,你到底要怎麼定義智力呢?IQ 測試向來是最受歡迎的方法,內容不外乎解決抽象問題以及其他心智挑戰。但是人類的平均 IQ 在二十世紀裡已經提高了三十分,而我們的基因幾乎沒有什麼改變。這要不就是我們在基因沒有改變的情況下變得更聰明了,不然就是 IQ 比較像在測量我們的文化對大腦的要求而已,很有可能人類只是對 IQ 測試能做出比過去更周全的準備。

說到做好周全的準備,該是時候提出我們的第二個問題了。《千鈞一髮》的世界裡,科學家認為自己能靠著調整基因體決定人類的健康、壽命與個性。**我們真的能用基因學來預測我們的命運嗎?**

表觀（外成）

環境因素對基因功能造成的結果，通常稱為「表觀」或「外成」。所謂的「環境」指的是各種來源。在身體內，某些化學物質會自行附著在基因上，抑制或啟動基因的正常功能，而壓力等心理因素也可能產生這類「表觀標記」化學物質；接著是外在環境，例如目前已經顯示煙霧粒子這類汙染物，會產生與氣喘等過敏有關的表觀效應。食物也有影響，像是甲基類的碳氫原子會從我們的飲食中進入基因體，附著在可開關基因的位置，改變身體製造蛋白質的過程。

表觀標記對我們健康有好有壞，對我們的後代健康可能也有影響。這是一個相對新的生物學領域，還有很多未知，但是目前浮現的證據顯示，父母與（外）祖父母的生活方式與環境條件，似乎會造成可延續數個世代的表觀後果。舉例來說，過重與精神分裂症這類問題，可能根源於因飲食、創傷、汙染所導致的表觀效應。研究這個主題的科學家，他們的終極目標是觀察並分類表觀基因體（epigenome）——數百萬個控制我們基因行動的表觀開關。科學家希望這樣的「表觀地圖」，能成為了解疾病、表徵與我們的表觀標記間關聯性的關鍵。

天生王者

你覺得基因工程可以讓你變得更好嗎，邁可？

其實，是的。我的基因體不會製造從血液裡移除膽固醇的蛋白質，所以我的高膽固醇可以透過基因工程修正。

如果你少吃一點肉派，應該就能夠便宜地修正這個問題了。

什麼？放棄我的快樂源頭？絕對不可能……算了，那你呢？

嗯，科學還沒找到瑞克‧艾德華斯基因體內的缺陷。但也沒什麼好驚訝的啊，你看我本人就知道了。

你剛剛給了我一個新的人生目標：我一定要確保我能活到參加你的葬禮。

我同意。我會確保守靈的時候有肉派可吃。

　　在《千鈞一髮》裡，社會由基因決定論所主宰。基本概念是：取得某人的 DNA，你就能預測他人生的結果；不管個體做什麼，永遠都被自己的基因所主宰。數學不好？那是你的基因。腳上很多像鱗片一樣的皮屑？也是你的基因害的。憂鬱？基因。

　　根據這種思維，人生沒有第二條路。你的基因編碼勝過所有一切。如同文森指出的，不管他在任何測試中表現得多好都沒有用。「我的履歷就是我的細胞。」如果他的基因不對，他就進不了與片名相同的航太公司蓋特卡（Gattaca）的太空計畫。我們也會變成這樣嗎？

圖8-2 基因體分析的費用正快速下滑

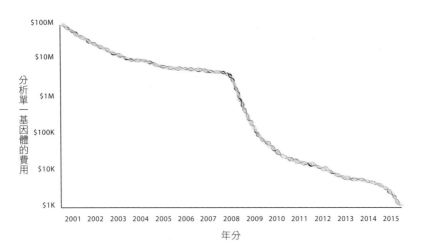

嗯,基因篩檢當然愈來愈便宜,而且可進行篩檢的孩童年齡也愈來愈小。現在只要不到一千英鎊的價格,就得能獲得完整的胚胎基因體定序結果。但你不需要擔心被排除在外,成人也可以獲得自己的基因定序。

這種篩檢的優點還滿明顯的,隨著時間過去,我們對基因體功能的知識會增加,我們將能夠更了解身體狀況與其他表徵,藉此減緩某些疾病發生的傾向,並且選擇沒有嚴重狀況標記的胚胎。但是這些遺傳標誌也有黑暗面,如果落入錯誤的人,或者不是很清楚這些資訊意義的人手中,它們很有可能遭到濫用,造成嚴重的後果。

舉例來說,不難想像基因測試變成保險公司強制要求的項目之一。當他們規劃你的壽險組合時,肯定會對你的基因資訊非常感興趣。如果他們認為你的基因風險因子是高的,那你就準備迎接每月的高額保費吧。然後還有公司,如果公司能獲得你可能有某些健康

問題的資訊，那他們是否會對於僱用你感到前景堪慮呢？（提示：對。）

　　這樣的情況不僅僅是假設而已。2012 年，加州一所學校決定拒收一名十二歲的學生科曼・查德姆（Colman Chadam），原因是他有囊腫纖維化（cystic fibrosis）的基因標記。標記並不保證一定會有這種疾病，而且小查德姆也沒有這種病。然而，確實有這種病的孩子必須要隔離，因為他們特別容易感染傳染性疾病。由於該校已經有兩名罹患囊腫纖維化的學生，因此校方根據這個孩子的基因，判定拒收他才是上策。

　　這是一個非常好的例子，可用來說明基因決定論的問題：光是有一個基因並不代表什麼。我們逐漸了解到，解讀基因並不完全算一門科學，而《千鈞一髮》早就預言了這一點。鄔瑪・舒曼（Uma Thurman）飾演的角色艾琳，理論上是基因「完美」的人，但實際上，她和基因「不完美」的文森有相同的身體狀況——心臟衰弱。「我的心臟已經多跳了一萬下了。」文森告訴她。

　　艾琳非常震驚，沒想到這種事居然是可能的。在認識文森之前，艾琳對極端的基因決定論全盤接受，完全買單。用本片編劇暨導演安德魯・尼柯（Andrew Niccol）的話來說，她會「在被分配的時刻躺下然後死去，如果她比數據規定的多活一分鐘，她都會覺得有罪惡感」。隨著文森和艾琳逐漸理解，他們不需要受到自身基因體的限制，這種「基因相當於宿命」的觀點，終於在電影中被打破。

　　你也不需要受到限制。多虧了數十年來的草率新聞報導，也許你會對此感到有點驚訝。如果你覺得我們正在找出決定一切的「基

因」，不妨快速瀏覽近年的報紙，忘掉原先的想法吧。

不過，某些特徵確實有點符合這樣的想法，例如眼睛顏色就是由（相對）簡單的基因方程式所決定的。酒窩、血型、顎裂（俗稱「屁股下巴」）、指關節上的毛髮，還有你的耳屎是乾的還是油的，都是一些從你父母的特徵就滿容易預測的東西。但是其他的因子，例如身高與膚色，就屬於比較大範圍的生理特徵群，是基因與環境影響的複雜混合體。這個生理特徵群還包括各種可能會導致壽命縮短的生理學因子，使邁可的血液膽固醇高於平均的「家族性高血膽固醇症」就是其中之一。儘管邁可老愛對此發牢騷抱怨，但這根本算不上嚴重的東西。有些類型的癌症與糖尿病，會較容易表現在有某些基因組合的人身上。

至於行為特徵又更複雜了。基因能影響你的個性，但是無法決定你的個性。基因不會使個性永遠不變，因為環境、教養與生活形態對個性的塑造也都有強烈影響。

有個很好的例子叫做「戰士基因」。在《千鈞一髮》上映後不久，媒體炒作這個話題炒作得挺開心的。他們把單胺氧化酶 A（monoamine oxidase A，MAOA）基因宣傳成讓人有暴力行為的東西，但是這方面的研究根本還不成氣候。這種論調最了不起也只是種概括的過度簡化，甚至根本是完全錯誤。然而，這還是無法阻止一名美國殺人犯在 2005 年想藉此逃避死刑，宣稱自己的行為是因為他的 MAOA 基因產生突變而造成。法官駁回上訴，因為被告不是基因的奴隸，至少不是以那麼簡單的方式。

儘管如此，我們還是不能否認所有人都有受到基因影響的一些傾向，所以分辨行為表徵與實際的行為是很重要的。基本上，表徵

名字的意義

發現新基因的遺傳學家可以為其命名。下面是我們最愛的一些例子：

瑞士乳酪：從腦袋有瑞士乳酪般孔洞的變種蒼蠅上發現。

跳跳虎：一種轉位子「跳躍基因」，能在基因體內移動到不同地方。

廉價約會：這種基因突變會讓蒼蠅特別容易被酒精影響。

去死：有這個基因不太妙，它會使成年果蠅突然早天。

沒種：它造成的缺陷會使雄性果蠅對雌性失去興趣。

INDY：這種基因突變的果蠅壽命會延長一倍。INDY就是英文「我還沒死」（I'm not dead yet）的縮寫。

ARSE：芳香烷硫酸酯脢E（Arylsulfatase E）基因——根本只是省略掉中間。

音速小子：名字很好玩，但沒有幫助。這種基因在大腦發展障礙方面扮演了一個角色。當醫生向父母解釋這種會使孩子性命堪慮的突變時，傾向不使用這個名字。

是非常廣泛的傾向。你的那些基因，極少數情況下是單一基因，確實會影響這些傾向，冒險的傾向就是一個例子。

　　不過，表現出的行為就不一樣了。在當下採取的行動，部分會受到表徵所影響，但主要仍受到情況、環境，還有你所擁有的其他表徵間的相互作用所影響。用演化的方式來說，表徵是一段時間後透過天擇而被選擇的，但是行為則是表徵在當下對情況敏感的表現（或不表現）。

　　舉例來說，假設邁可負責處理多巴胺的那個基因（如果你想知道的話，叫做 DRD4-7R）發生變異，這個基因和冒險與尋找新鮮事有關（很有意思的是，它也和注意力不足過動症 ADHD 有關）。

冒險和尋找新鮮事是表徵，不是行為，但是我們會怎麼看到這些表徵在邁可的行為裡表現出來呢？比方說，邁可可能會嗜酒如命，或是到處發生一夜情。這是否表示我們發現了酗酒或者濫交的基因？當然沒有。同樣地，邁可可能只會有很多旅行經驗，大量閱讀，而且交友廣泛。這個基因並不是以某種方式編碼了這種種不同行為，它只是製造了一種使人心胸開放、擁有好奇心的主要傾向，在擁有這種基因的情況下，邁可實際上的行為就會根據機會、環境以及其他的表徵而決定。

不難想像，如果瑞克有相同的基因，他也不一定會和邁可有相同的行為。瑞克和邁可的基因混合是不一樣的（兩人都對此深表感激），這代表他們的好奇心也會有微妙的差異，不會以相同的方式表現出來。[*]

令人驚訝的是，我們似乎很難承認這件事。不論是忠誠度、犯罪行為，或是宗教勸說……隨你舉例，經常都宣稱行為「就在基因裡」。有數不盡的文章宣稱科學家已經發現「淫蕩基因」（真的），或是「聰明基因」等等。然而，現在幾乎沒有科學家相信有簡單的「XX 基因」公式存在。雖然嘗試將複雜的個性與行為濃縮為單一基因很有趣，但是事實上，這樣實在太過於簡化了。你可以說，這完完全全就是屁話。真相是 —— 基因根本不是這麼運作的（我們承認這有點令人失望）。

想透過分析一個人的基因來預測未來時，還有一個因子會使情況變得更複雜 —— 基因彼此間的互動也非常重要，甚至會有負負

---

[*] 瑞克：這裡要特別指出，邁可可能有、也可能沒有 DRD4-7R 基因，但他確實喜歡喝一杯。

得正的情況。舉例來說，2008 年，一項針對兩種「壞」基因交互作用的研究發表成果：一個基因是 SERT 這種基因的變體，它似乎會使人更容易受到負面事物影響，是與憂鬱有關的基因；另一個是 BNDF 基因的變體，這種基因與維持與生長神經元有關，而比較壞的版本較不盡責，所以有這個基因的人在學習方面容易出現狀況。但是好消息來了，如果你同時有這兩個基因在同一個基因體上，那麼 BNDF 變體就代表你在學習 SERT 基因加強的負面教訓方面成效不彰，所以你比較不會被憂鬱左右。簡單地說，兩個「壞」基因彼此抵銷了，是好結果！

　　這恰好讓我們提出第三個問題。我們應該要修正「壞」基因嗎？**我們應該使用基因工程製造出完美人類嗎？**

成功之路遙遙

還有另外一個關於《千鈞一髮》的小花絮：你記得裘德洛（Jude Law）飾演的角色，傑洛米‧莫洛的中間名嗎？

你是說那個「基因完美」的樣本，而且如果電影再晚拍幾年，就會表現出遺傳性禿頭的那個人嗎？

別嘲笑人家了，你這個酸葡萄的老頭。總之，答案是尤金，字源是希臘文的eugenes，「出身良好」的意思。

這也就是優生學（eugenics）的由來。

那有什麼問題？

我想你很早就放棄歷史了吧？

　　1979 年，瑞克出生的那年，約瑟夫・門格勒（Josef Mengele）死了。門格勒是惡名昭彰的納粹醫生，在集中營裡進行可怕的人體實驗。他對基因學非常著迷，積極尋找同卵雙胞胎好進行他最陰森的研究，意圖從他們身上了解哪些特徵是純粹的遺傳。門格勒的工作是建立由完美的亞利安人組成的「主宰種族」，消滅所有「劣等」種族。

　　不過，優生學比納粹還早出現。這個想法存在已久，柏拉圖在《理想國》（*The Republic*）裡就寫到，使優秀的與優秀的配對，差的與差的配對，並且消滅他們的後代，藉此維持「群體在最佳條件中存續」。

　　「優生學」這個詞是法蘭西斯・高爾頓[*]（Francis Galton）在 1800 年代末所創造，用通俗易懂的字詞表達「改善血統的科學」。二十世紀初，優生學在歐洲與美國的社會達爾文主義者之間非常流行，他們對於那些所謂「不受歡迎」的表徵進行絕育。美國最早的絕育

---

[*] 高爾頓是一位卓越的科學家，並且可能對於你們都只認識他的表哥達爾文，而沒聽過他的名字感到滿不開心。

法在 1907 年於印第安納州通過，意圖為監獄犯人進行輸精管切除術，避免「墮落表徵」傳遞。當時的美國總統羅斯福表示：「罪犯應該絕育，智能不足者應被禁止留下後代。」到了 1936 年，美國共有三十一個州有某種形式的優生學或絕育法存在，截至這些法律廢除為止，美國有超過六萬人被迫絕育。現在有些州提議應補償遭到這些待遇的人們。

納粹統治下的德國有著最極端的優生學計畫。1933 年時，納粹德國通過《遺傳病病患後代防止法》（Law for the Prevention of Hereditarily Diseased Offspring），要求任何有遺傳性生理或心理疾病者接受絕育手術，包括「智能不足」者、憂鬱者、癲癇患者、盲人等等。

單是絕育還不夠，希特勒在 1939 年為「無藥可醫」的人引進了「安樂死」。到了 1941 年，已有七萬名德國病患被安樂死。在接下來的幾年裡，安樂死在德國都是標準做法，據信有二十萬人死於這個計畫。

在利用現代先進基因篩檢技術而實現的「新優生學」討論中，納粹的優生學計畫依舊陰魂不散。不用說，我們對於任何朝這個方向發展的科學都極度小心。但是，我們確實想利用人類對基因愈來愈豐富的了解，盡可能減少所有的痛苦。不是嗎，各位？

《千鈞一髮》的片頭，引述了精神病學家威勒·蓋林（Willard Gaylin）令人毛骨悚然的一句話：「我不只認為我們會竄改自然之母，我想自然之母也想要我們這麼做。」認為演化已經使我們聰明到能直接介入自然的過程，究竟是毫無基礎的自我辯護，或者是合理的主張？

　　全世界百分之二的新生兒，也就是每年約數百萬個寶寶，都有天生的基因缺陷殘疾。有更多數以百萬計的寶寶有基因變種，我們相信這些變種使他們更容易生病或是患病。所以你怎麼會不去尋找這些東西呢？你怎麼會不想要能夠生下「最好」的孩子？如果我們能大幅增加孩子健康的機率，而且科技又便宜又簡單，難道我們沒有道德義務要這麼做嗎？

　　這絕對是有可能的。新生兒的腳跟刺測試已經行之有年，就像電影裡演的那樣，只是分析得沒那麼多。這種測試會篩檢幾種基因問題，包括鐮形血球貧血症、囊腫纖維化，以及甲狀腺低能症。做試管嬰兒時，我們也會在植入前篩檢胚胎是否有基因異常。所以遺傳學家和文森的父母討論應該選擇哪一個胚胎（後來成為文森的弟弟安東的那個胚胎）的場景，已經出現在生育診所中了。雖然這件事在電影裡看起來很反烏托邦，但也許是合理的。而我們擔心的已經不只是健康而已，現在試管診所還會讓女性根據諸如職業等特徵，選擇精子捐贈者（順帶一提，最受歡迎的職業是醫生）。

　　而且我們還想要更多。波士頓哈佛大學的遺傳學家有一個非常《千鈞一髮》風格的計畫 —— 開放接受父母登記，讓他們的寶寶接受完整的基因體定序。很酷吧？

　　顯然不是。想做這件事的父母數量之少，使哈佛的醫生感到不可思議。該計畫接觸的新手父母中，大約只有百分之七同意參與。我們想要多了解我們自己或我們的孩子？以及如果可以的話，我們多想要改變這件事？關於這件事，似乎有個更重大的議題需要考量：我們是否準備好接受「精準醫療」（precision medicine）了呢？

　　到目前為止，我們只講到挑選缺陷最少的胚胎來剃除疾病。在

我們能造出十二隻手指的鋼琴家嗎？

《千鈞一髮》裡有一幕很意思：文森與艾琳去聽一名有十二隻手指的鋼琴家演奏，曲目是只有擁有十二隻手指的基因體的人才能演奏的作品。這可能嗎？絕對可以，前提是大家不會對此感到作嘔。

女演員潔瑪·雅特頓（Gemma Arterton）天生左右手就各有六隻手指，但出生後沒多久就切除了多餘的手指，她真是太無趣了！印度的德文德拉·蘇贊（Devendra Suthar），天生就有十四隻腳趾和十四隻手指，而且他一直保留著它們，真是個好傢伙！2016年，一個寶寶帶著十五隻手指和十六隻腳趾出生於中國；一個巴西的家庭有十四個成員都有十二隻手指和腳趾，清楚顯示出此為基因表徵。

擁有超過平常定額的指頭，是因為一種已知為「多指（趾）症」的基因異常，而且這出乎意料地常見 —— 寶寶出生時就有多的指頭的機率高達五百分之一，不過很多指頭都很小，而且內部沒有骨頭。

而動物實驗顯示，多指（趾）症會因為母親懷孕時攝取某些化學物質而誘發（實驗對象是田鼠、老鼠，以及有點奇怪的變色龍，但沒有人類）。這顯示形成手指的基因過程是可以被干擾的，所以如果我們沒有道德或倫理，而且我們讚賞這種多元性，那麼，是的，我們可以造出有十二隻手指的鋼琴家。

《千鈞一髮》中，文森的父母選擇可能最好的胚胎成為他的弟弟，但是他們還是受限於自己的基因池 —— 所有的基因原料都必須來自他們本身。當他們問到能不能留一些東西交給機率決定時，遺傳學家回答：「我們天生已經有夠多的不完美了，你的孩子不需要任何額外的負擔。」但是，萬一我們有辦法使用某些不同的基因變體，或是選擇性地把某些基因關掉或打開呢？萬一我們能擺脫所有

麻煩的不完美呢？這就是 CRISPR，基因編輯技術。

CRISPR 的全名是「常間回文重複序列叢集」（clustered regularly interspaced short palindromic repeats）。2012 年，當分子生物學家研究細菌如何抵禦病毒時，發現細菌會製造一點點基因物質，和正在進行攻擊的病毒基因序列互補（也就是黏住），再加上一種名為 Cas9 的蛋白質，就能鎖住病毒的 DNA 並使其失去作用。細菌一分：病毒零分。

科學家偷了這種技術，並且用來編輯基因。CRISPR ／ Cas9 就像是非常精準的一把分子剪刀，CRISPR 負責引導，指揮 Cas9 這種修剪工具到正確的 DNA 部分去。

加州大學生物學家吉恩・楊 [*] 將 CRISPR 比擬為瑞士刀，能鎖定目標，使基因失去功能、修復基因，或是在剪開的地方嵌入全新的基因。目前 CRISPR 只有刀刃與剪刀，但楊與同僚正在鎖上其他蛋白質與化學物質，要將這些刀刃轉變成多功能的工具。

我們可以使用 CRISPR 敲敲打打 DNA 中數十億種的化學物質組合，一次關掉一個基因，看看它有什麼效果。CRISPR 能帶來特定的突變，也能嘗試辨識造成疾病的原因，或是找出提供保護等其他有益的表徵。它已經被用來修改植物與動物的基因，創造出抗旱的玉蜀黍、可製作喀什米爾羊毛製品的長毛羊，以及沒有角的牛……，名單可以一直延續下去。

目前最早的人類實驗發生在中國，因為倫理在那裡不一定會被優先考慮。一個團隊抽取肺癌患者的白血球細胞，用 CRISPR 修改

---

[*] Gene Yeo，叫做吉恩（Gene），研究的又是基因（gene），簡直是決定論本身的最佳代言人。

他的白血球細胞，使一種名為 PD-1 的基因失去作用，這種基因通常會阻止細胞呼叫免疫系統幫忙。這個編輯過的細胞經增殖後，被重新注射回患者體內，希望它們會聚集在癌症病灶，呼叫免疫系統發動攻擊。

這只是一個例子，說明我們如何利用在人體外編輯過的基因，重新放回人體內追擊疾病。但是這個辦法很難大規模應用，很多疾病的治療還是必須在體內的細胞進行基因編輯。

現在有兩條路可以走。一條是「直截了當」的基因療法，也就是「體細胞」治療，這類細胞不會再分裂增生。在體細胞上，我們能刪去一個基因，嵌入或是開關它。

編輯體細胞不會把改變遺傳給你的小孩，但第二種技術就不一樣了。種系療法（germline therapy）涉及操縱精子與卵子細胞內，或是胚胎早期細胞內的基因體。不同於前者，這些改變會遺傳給後代子孫，是永遠改變人類基因體的方法。

兩個團隊（顯然是在中國）已經坑坑疤疤地修改了人類胚胎（真淘氣）。這項舉動促使學界在 2015 年底舉辦了一場國際高峰會，討論將 CRISPR 應用於人體的倫理問題。在高峰會的最後，生物學家都同意暫停——刻意並有效地暫停——進行種系操縱。然而，目前這項暫停已經終止了。倫敦的法蘭西斯·克里克研究所（Francis Crick Institute）的凱西·妮坎（Kathy Niakan）獲得允許，可以編輯胚胎內的基因，但必須在七天後銷毀胚胎。

這就是為什麼我們必須討論這種技術的黑暗面。將我們的基因體東拼西湊是冒著演化優勢倒退的風險——我們可能無預警地讓原本「適者生存」機制所排除掉的東西又回來了，我們可能會失去

基因多樣性，引發災難性的損失。更重要的是，這種基因操縱技術幾乎肯定只會是有權有勢的有錢人的玩意兒，所以很可能會加重不平等的狀況，出現有錢、基因改造後的超級階級，作威作福地使喚貧窮階級。事實上，《千鈞一髮》已經預見了這一切。

所以，總結來說，基因絕對不能決定我們的一切，《千鈞一髮》式的預測是胡說八道。

但是我們可以、也將會使用遺傳學打造出完美人類 —— 不管完美是什麼意思。我必須說，我覺得這一切都有點可怕。

你並不孤單。帶領團隊參與發現CRISPR的珍妮佛・道納（Jennifer Doudna）教授曾經做過一個噩夢，夢中有個男人背對著她坐著，想和她討論這項發現的潛力。你覺得那個男人是誰？

約瑟夫・門格勒？

更糟，阿道夫・希特勒。

她顯然很有良心。

人造意識

EX MACHINA

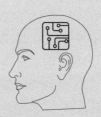

人工智慧是什麼，又能做到什麼？

機器能夠擁有意識嗎？

我們能勝過天然的人類智慧嗎？

> 這部電影講的是一名受創孤兒，對抗一位似乎擁有極大權利的危險反社會分子。

 我不知道我們要討論《哈利波特》。

> 很好。你知道在《人造意識》中演出加勒（Caleb）一角的多姆納爾‧格里森（Domhnall Gleeson）也曾是霍格華茲的學生會主席嗎？

 你說在現實世界嗎？

> 不，你知道什麼叫做「演戲」嗎？

 你有看到我在《雪場女孩》（*Chalet Girl*）裡的表現嗎？[*]

　　《人造意識》確實是極少見的一部作品靈感：源自學術大作，並獲得奧斯卡提名的好萊塢賣座電影。好，所以莫里‧沙納漢（Murray Shanahan）的《具體化與內在生活》（*Embodiment and the Inner Life*）不像某些學術書籍一樣枯燥乏味，但依舊不是《格雷的

---

[*] 譯註：瑞克在本片中有客串演出，暗示他演得很糟。

五十道陰影》（*Fifty Shades of Grey*）。

劇情是這樣的，奧斯卡·伊薩克（Oscar Isaac）飾演的納森是軟體大師，創立了搜尋引擎藍書（BlueBook），並將所有蒐集來的資料訓練一個人工智慧（AI）。他給這個 AI 一系列具現化的形體，最新一個是艾娃（Ava），由艾莉西亞·薇坎德（Alicia Vikander）飾演。納森將他的員工加勒，帶到他那間與世隔絕的實驗室／奢華花花公子公寓，想看看加勒是否相信艾娃擁有真正的智慧。

艾娃是一個迷人、富有同情心的角色。直到……喔，不，小心點！格里森！在霍格華茲擔任學生會主席也沒能讓他準備好應付一個風情萬種的女機器人，完全不行。艾娃似乎痛恨被測試，於是開始利用加勒成為她逃跑計畫的一環。或者，這一切都是納森精心設計的花招？

要了解這部片的精髓，我們必須提出的第一個問題相對來說很直接：**人工智慧是什麼，又能做到什麼？**

機器崛起

> 我很愛的一段劇情是，納森坦承自己駭進大家的手機鏡頭，藉此教導AI如何做出寫實的臉部表情。這是最能完美捕捉表情如何配合語句和語調的方法。

> 沒用的，因為你只拍得到耳朵的特寫。

不盡然。他們可能會用免持模式啊。

那樣的話，只會拍到「瞧，我不需要拿電話貼近耳朵，我是未來的人類……」那種得意的臉。

我覺得你太嚴格了。我是不是說到了你的痛處？有人打電話給你過嗎？

連我媽都沒有。

如果有機器人同伴，你一定第一個去買，對吧？

　　你是有智慧的。當然，因為你正在讀這本書。但是，你會不會有一天也這樣形容一個機器呢？機器是否具備智慧這個問題，從首次提出開始，已經被嘲弄了數十年之久。舉例來說，1948 年，現代電腦運算先驅艾倫·圖靈（Alan Turing）就寫過《智慧計算機》（*Intelligent Machinery*）這篇論文，這是最早突襲電腦也許會模仿人類大腦運作領域的文章。圖靈寫道：「我提議研究『機器是否可能表現出有智慧的行為』，因為一般都假設這是不可能的，卻沒有任何立論根據。」圖靈在倫敦的英國國家物理實驗室（National Physical Laboratory）的老闆（他因查爾斯·達爾文爵士之名享有榮耀，但他的祖父，真正有名的那個達爾文卻從來沒有被封爵位，

哈！）對這個提議看不上眼。在達爾文爵士眼裡，這只是篇「學生論文」，不會發表。

但圖靈並不因此而氣餒。兩年後，他發表了《計算機器與智能》（Computing Machinery and Intelligence）這篇論文，當中提出一個爭議性的問題：機器能思考嗎？這篇論文提議透過圖靈所謂的「模仿遊戲」（很耳熟吧？）*找到答案。也就是由一臺隱藏的電腦，透過某種溝通技術與人類保持對話。如果人類無法分辨自己在和電腦對話，那麼這臺機器就能被視為有「人工智慧」。

這就是「圖靈測試」，也是《人造意識》這部電影的中心思想。這位創造機器人的億萬富翁納森，告訴他的幸運員工加勒：從圖靈的時代至今，人工智慧研究已經有相當大的進步，所以我們需要一種新的圖靈測試。這部電影的情節，基本上就是隨這個新的測試而發展，而結果滿嚇人的。

目前最成功的 AI 是從「神經網絡」開始。神經網絡模仿人腦的組成，由小小生物處理器「神經元」互相連接，形成一個複雜的網絡。如同我們在《決戰猩球》裡看到的，細胞裡的神經元會對輸入訊號產生反應，輸出訊號。而決定這個輸出的，是輸入的內容以及該神經元的特性或情境。

就像我們在《駭客任務》那章講到的，人腦會將來自眼睛、耳朵、皮膚與快感中心等感官系統的反饋，結合由輸入與輸出交織而成的複雜網絡。結果就是，我們的經驗會「強化」某些通道，改變神經元的化學組成以及連結的強度與數量，我們稱此為「學習」。

---

*譯註：指 2014 年描述圖靈生平的同名電影。

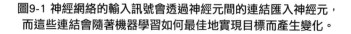

圖9-1 神經網絡的輸入訊號會透過神經元間的連結匯入神經元，
而這些連結會隨著機器學習如何最佳地實現目標而產生變化。

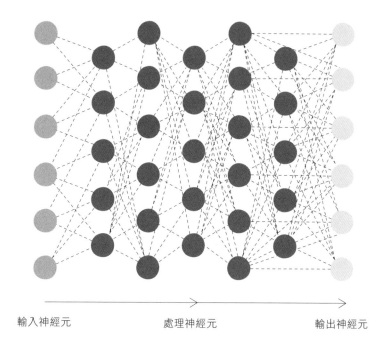

輸入神經元　　　　　　　　處理神經元　　　　　　　輸出神經元

　　機器學習也沒有兩樣。人工神經元就是小小的、以矽為基礎的元件，處理一項輸入，並提供一項輸出。輸入與輸出是神經元間的連結，也是神經元與外在世界（或是網絡嘗試控制的機器）的連結。神經元間的連結會變強或變弱，代表實際上有些神經元會比較容易觸發彼此，其他則需要比較強的電子訊號才能處理輸入並產生輸出。最後，會有一些基本的目標，例如下贏一盤西洋棋。

　　當世界棋王蓋瑞‧卡斯帕洛夫（Garry Kasparov）第一次輸給IBM的深藍（Deep Blue）電腦時，他描述那是「毀滅性的經驗」。

他曾經和很多電腦下過棋,但是這臺不一樣。「我能感覺到,我能聞到,我對面是一種新的智慧。」他說。

但是,情節轉折的部分來了:深藍並不算是有智慧。它沒有使用任何來自經驗的適應或學習,它只是使用蠻力來駕馭超高速的處理器,計算所有可能的棋步,然後決定最佳戰略。

這當中沒有任何聰明才智。不是像 AlphaGo 那種的聰明,它才是真的會毀滅卡斯帕洛夫的機器。AlphaGo 學會怎麼下圍棋,這是一種表面上看起來很簡單的亞洲桌上遊戲,規則是用你自己的棋子包圍對手的棋子。AlphaGo 現在已經比最厲害的人類棋士還要厲害了 —— 這真的令人震驚。因為人類下圍棋時,有部分是必須靠直覺的,就算是最厲害的棋士,也不一定能夠能說明他們為什麼會下某一步棋。有時候他們只需看著棋盤,就會憑直覺下出他們覺得正確的那一步。沒有人能把這種直覺寫進機器的程式裡,但事實證明,你也不需要做到這一點。

創造出 AlphaGo 的 DeepMind 公司,是從訓練基本神經網絡玩大型遊戲機展開這趟旅程。他們建造了一臺可以操作雅達利公司出品的遊戲《太空侵略者》(Space Invaders)的精密機器。機器很快就掌握了這款遊戲的訣竅,於是接著改玩《敲磚塊》(Breakout),利用一顆會回彈的球打破一道牆,敲破磚塊便能得分。不過,DeepMind 沒有告訴這臺「代理主體」遊戲規則,只給了它一個目標:拿到最高分。

沒多久,機器就發現了至今都沒人發現的技巧,用最小的力氣拿到了最高的分數。這不是它早知道的事,它原本什麼都不知道,只是試著盡快提高自己的分數而已。

　　如果這臺機器只會做一件事 ── 玩《敲磚塊》，那 DeepMind 的代理主體就是所謂的「弱」人工智慧。弱人工智慧對於自己能做的事有高度專業的能力，有點像是很厲害的木工，它的技巧很有用，但如果突然要它幫公司記帳，那就一點幫助也沒有。我們真正想要的，是「強」人工智慧 *，能用機器手做各種事的 AI。

　　這正是 DeepMind 透過 AlphaGo 所要達到的目標。圍棋不是簡單的遊戲，雖然規則並不複雜，但是要玩到最好，就必須分析十的一百七十一次方（1,000,000,000,000,000,000,000,000,000,000,000,00 0,000,000,000,000,000,000,000,000,000,000,000,000,000,000,000, 000,000,000,000,000,000,000,000,000,000,000,000,000,000,000,0 00,000,000,000,000,000,000,000,000,000,000,000,000）個可能的位置，比宇宙中的原子數量還要多。

　　AlphaGo 的創造者將人類在幾百萬個位置下過的幾百萬個棋步匯入機器，機器只要看著一個位置，便能預測人類會做什麼。當時它的正確率只有百分之五十七，但有希望能獲勝。

　　創造者的下一步，使得人類棋士失去了獲勝的希望。AlphaGo 被設定和自己下棋數千次，直到學會怎麼在無數個位置中獲勝為止。不像深藍那樣全憑蠻力，AlphaGo 是在搜尋之外，以敏捷、未受程式設定的直覺加以彌補；以自己在數千盤圍棋中，下了數百萬步的經驗為基礎。AlphaGo 的神經網絡深處，有某個東西能夠看著棋盤，想出一個合理且通常是能致勝的棋步。如果 DeepMind 的研

圖9-2 機器人與人工智慧的進步，代表某些職業有很大的機率會在2035年消失（資料來源：牛津大學學者麥可・歐斯本〔Michael Osborne〕和卡爾・佛雷〔Carl Frey〕）。

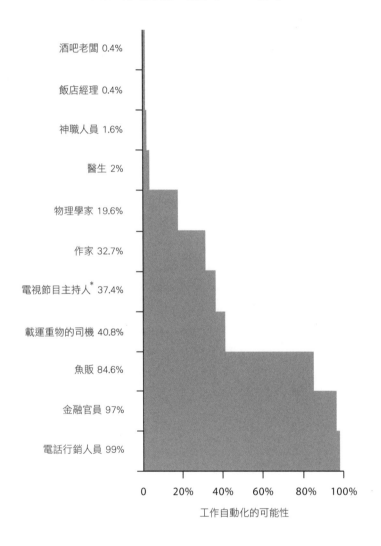

酒吧老闆 0.4%

飯店經理 0.4%

神職人員 1.6%

醫生 2%

物理學家 19.6%

作家 32.7%

電視節目主持人[*] 37.4%

載運重物的司機 40.8%

魚販 84.6%

金融官員 97%

電話行銷人員 99%

0　20%　40%　60%　80%　100%

工作自動化的可能性

---

[*] 瑞克：搞什麼鬼

景觀房

在電影裡，加勒告訴艾娃一個著名的人工智慧思想實驗。一位叫瑪莉的科學家，從小在一個只有黑白的房間裡長大，裡面沒有任何彩色的東西。瑪莉知道所有波長與頻率的物理學理論，也知道大腦如何感知它們為各種顏色。但是，她（電腦也是類似情況）對色彩的理解中少了一樣東西——看到色彩是什麼感覺。就算我們能理解關於大腦運作的一切，並且複製到矽晶片上，這樣也能製造出感覺嗎？

哲學家約翰‧希爾勒（John Searle），在他的「中文房間」進行了一個相關的觀察實驗。他想像有一個AI能閱讀所有以中文書寫的問題，並且利用所有可取得的資源形成適當的中文答案。如果AI在一個封閉的房間裡，有個人向它提出問題並得到答案後，這個人可能會覺得房間裡有一個會說中文的人類。希爾勒的論點是，這個AI能通過圖靈測試，但是它對於那些問題和答案沒有任何理解。

透過想像自己在那個房間裡，能取得電腦程式給予的種種指示，以及所有處理這些問題的必要資源，他親身示範了這一點。在這種情況下，他能吸收中文字，並以中文字產出正確的答案，但是不論這些答案對於外在提問者多麼有說服力，希爾勒本人還是不懂中文。於是他主張，原本的AI也是一樣——只因為你表現出智慧，並不代表你有思想、有心智，或是有意圖。希爾勒認為，我們太快驟下結論，誤把複雜的處理當作智慧了。

究人員問 AlphaGo，為什麼它會下那步棋，它也無法告訴他們。如果他們拆開機器，答案也不會在它的迴路裡。某個近似於直覺的東西，確實已經透過經驗出現——或者說突現——在矽晶片裡。

不論是 AlphaGo，或是這種智慧代理主體的下一個化身，DeepMind 對於其背後的科技已經有遠大的規劃。他們要用來研究

真實世界的問題，例如診斷疾病或是找出新藥。

AlphaGo 並不孤單。舉例來說，我們已經有醫療診斷功能超強的 AI 代理主體了。印利提克（Enlitic）公司操作的 AI 能夠觀看醫療影像，而且比任何專業的放射科專家團隊都更快、更準確地偵測肺癌瘤的位置。當然囉，還有 Google 的自駕車，它必須能從成功與錯誤中學習，並根據外在世界的信號做出決定，讓自己在混亂、難以預測的環境中安全運作。人工智慧是機器能做到這些的唯一方法，我們甚至可以說，它能做得和某些人類駕駛一樣好。

除此之外，AI 更乏味 —— 但可能更有威脅 —— 的應用也開始出現了，例如即時翻譯、新聞工作、語音辨識……，這份清單可以列得落落長。它們並不會對我們的生活方式造成突如其來的激烈轉變，而是緩慢、穩定地滴水穿石；機器逐漸做到很多我們一直以為只有人類智慧才能做到的事。

所以，我們要怎麼衡量進度呢？納森是對的：實際的結果、現代的 AI 化身，已經遠超過圖靈當時的想像，所以我們需要找到圖靈測試的替代品。這就是為什麼納森想知道加勒對艾娃的反應，他認為艾娃是「她」還是「它」呢？他是否認為，她有情緒、感覺，以及目標呢？他是否覺得她比較像人而不是機器呢？於是我們的第二個問題來了：**機器能夠擁有意識嗎？**

性感野獸

 你會嘗試幫助艾娃逃跑嗎？

應該會,我覺得自己和加勒滿像的。

 不過你不是專業的程式設計師,甚至連半個駭客都稱不上。

也是……

 所以你對她來說一點用也沒有。

這個嘛……

 所以艾娃很快就會發現她需要的是別人。她馬上就會甩了你。

她可能會喜歡我這個人,而不是我的能力。

 這個可能性非常低。

在《人造意識》裡,納森彷彿知道接下來會發生什麼事。「有一天,AI 會回顧我們,如同我們回顧非洲平原上發現的那些化石骨骼:曾經有一種直立人猿住在塵埃中,使用著粗糙的語言與工

具，最後全部滅亡，」他這麼告訴加勒。「別為艾娃感到難過，為你自己感到難過吧，老兄。」

加勒並不覺得事不關己。反而，他對自己對艾娃意外且非自願的感情感到困惑。「你是否用程式設定她和我調情？」他問納森。

但是納森不需要這麼做。他只是設定了艾娃的程式裡有「想活下去」的慾望，是讓她變成這樣的人工智慧做了剩下的工作，所以她會擔心加勒對她做的測試結果。「如果我沒有通過你的測試，我會怎麼樣？」她問他，抱怨自己必須受到被評估的不公平對待：「有人會因為你沒有做出應當的表現而把你關掉嗎？那為什麼我要被關掉？」

這是很好的問題。這麼看來，笛卡兒證明自己意識存在的名言「我思故我在」，似乎有點偏頗，不是嗎？

我們在《千鈞一髮》裡知道，智力是一個很不明確的概念，而意識更麻煩。雖然目前沒有一致的定義，不過大多數人接受它和經歷情緒的內在自我覺知狀態有關，而且目標不僅止於生存。問題在於，因為所有的跡象都屬於內在，所以沒有人能確定另外一個有機體是否有意識。

這引導出一個很有意思的想法：為什麼意識（先不論它究竟是什麼）應該從以碳為基礎的分子特定排列中出現，而不是從似乎能執行大致相同任務、以矽為基礎的分子特定排列中出現呢？換句話說，為什麼艾娃不能像笛卡兒一樣有意識？

動物為此提供了很有意思的對照。很多研究人員相信，動物界的大部分成員都是有意識的，章魚（我們的最愛）和狗的行為肯定讓人難以否認牠們表現出了意識。畢竟章魚小墨（Inky）——紐西

蘭國立水族館的前居民——在 2016 年 4 月逃脫水槽，回歸大海時，就表現出了有意識的意圖。*小墨的照顧者沒有把水槽的蓋子完全蓋好（可能是意外，也可能是小墨還能操縱人的心智，誰知道呢），於是這隻章魚就好好利用了這個機會，牠在晚上爬出水槽，使閉路電視失靈**，然後爬進通往海水的五十公尺排水管裡。這些都是我們猜的，畢竟牠沒有留下紙條說明自己如逃脫大師胡迪尼般的能力。

不論實際上發生了什麼事，我們肯定必須承認，如果動物有意識，我們有意識，那麼很難說明為什麼一臺有充分智力思考的機器——大幅增強馬力後，具體化版本的 AlphaGo——不應該也表現出意識的跡象。

最重要的問題是：我們怎麼能確定？這正是艾力克斯・嘉蘭（Alex Garland）編導的《人造意識》厲害的地方。就算加勒知道艾娃是納森做出來的，她還是能說服加勒她有感覺、慾望以及意圖，並且應該擁有「人權」，那麼我們就只能把圖靈測試放到一邊，正視一個更有深度的東西——問題已經不再是「這是機器還是人」，而是「在本質上，這臺機器是不是和人類相同」。

會不會有一天，這個問題的答案是斬釘截鐵的「是」？對此有兩派分歧的意見。首先，就算《人造意識》這個虛構的世界清楚描述了一個高度成熟、具體的人工智慧，你還是能對艾娃到底有沒有意識提出各種質疑。在電影最後，她在沒有人看見的時候露出了一

---

* 小墨的動機可能和我們對《決戰猩球》的看法有關。牠是不是在收集情報，好作為未來章魚統治人類計謀的一環？

** 其實沒有。

圖9-3 你的意識到達什麼程度？西班牙AI研究者拉爾‧阿拉巴勒司‧莫雷諾（Raúl Arrabales Moreno）與同僚設計了這個意識量表，排序不同有機體展現的意識類別。

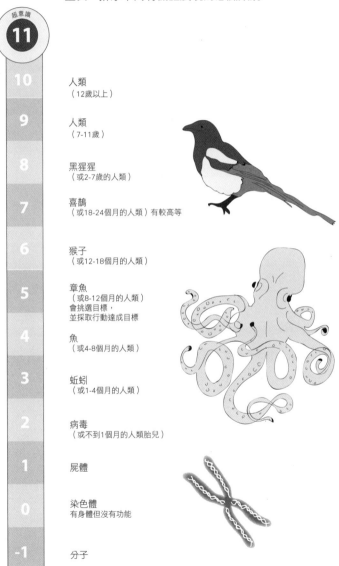

超意識
11

10　人類
（12歲以上）

9　人類
（7-11歲）

8　黑猩猩
（或2-7歲的人類）

7　喜鵲
（或18-24個月的人類）有較高等

6　猴子
（或12-18個月的人類）

5　章魚
（或8-12個月的人類）
會挑選目標，
並採取行動達成目標

4　魚
（或4-8個月的人類）

3　蚯蚓
（或1-4個月的人類）

2　病毒
（或不到1個月的人類胎兒）

1　屍體

0　染色體
有身體但沒有功能

-1　分子

抹微笑，似乎是對於一個愉快經驗的自然意識反應，不是嗎？還有，她渴望逃離被關機的安排，這不就證明了她有笛卡兒式的生存憂慮嗎？她似乎暗示，在她處理（或者我們應該說「思考」）關於自身存在、目標以及目的的資訊時，她是有自我意識的存在，這不就是她有內在生命的證據嗎？此外，艾娃對自己的物理性身體也有意識，並且想用衣服裝飾它，她似乎對此也是有感覺的。

我們可以把這一切都解讀成艾娃具有人類特質的證據，但不是每個人都這麼想。對於艾娃是否有意識，編導嘉蘭以及劇情靈感來源的書籍原作者沙納漢都持保留的態度。

不過如同我們前面提到的，嘉蘭與沙納漢也不能證明艾娃沒有意識 —— 沒有人可以。唯一能肯定地說你有（或沒有）意識的人或東西，就是你自己。只有你能聽見自己內心的獨白，你是唯一知道痛苦與愛是什麼感覺的可靠來源。其他人也許會告訴你，他們經歷了這些東西，但是你永遠無法證實他們是否只是重複一些程式寫好的某些關於感覺的高談闊論，只是設計來欺矇你的。

但這種「哲學喪屍」真的可能存在嗎？那些相信我們能建造出有意識機器的人說，不可能。如果機器有能力展現出所有意識的表徵，那它必定有能力擁有意識。否則，我們就是在召喚某種「本質」，認為機器必須被賦予這樣東西才能夠有意識，就像古老時代認為是「生之氣息」*使生物得以活過來那樣。假設意識是從某種形式複雜的資訊處理設備中突現的，必定好過於想像某個特殊的、神

---

* 譯註：例如《聖經》經文：「耶和華神用地上的塵土造人，將生氣吹在他鼻孔裡，他就成了有靈的活人，名叫亞當。」（創世記 2:7）

機器人時代的性與死

嘉蘭是《人造意識》的編導，他使我們對於納森為什麼把機器人設定成女性幾乎毫無疑惑。納森顯然對他的創作品裡裡外外都很清楚。

在真實世界裡，性是AI發展的主要推動力，這個趨勢很明顯。這可能會是個問題。有些研究人員擔心，如果你以發生性行為為目的購買（或是租用）一臺機器人，將會削減你對人類的尊重，或是與人互動的慾望。根據反性機器人團體的主張，這樣沒有任何好處，用人工智慧取代工廠工人或計程車司機是一回事，但取代具有種種微妙特質與複雜性的人類關係，又是另一回事了。這個團體主張，這樣會使同理心消失，使真正的人類 —— 尤其是女性 —— 承受痛苦。

說到痛苦，讓機器人取代人類做出軍事決定的如意算盤也同樣值得質疑。目前沒有任何AI被授權使用致命武力，但是有很多軍事狂熱分子主張應該要這麼做。

就某些方面而言，你能理解這些人的理由。機器能以光速處理資訊，還有辨識目標的能力，能為按下扳機後可能的後果提供統計數據。你確實可以說AI比人類更適合現代戰爭，而因為人類決策造成平民死亡率的報導更是火上加油。

最大的問題是，你是否真的能設下足夠的條件，確保這麼做不會出錯。目前我們在這個決策過程中，還是保留了一個人類。我們不相信AI比人類更能做出攸關生死的決定。而《人造意識》認為，這可能是件好事。

祕的東西，能把生物轉變成有自我意識的存在。

如果是這樣，那麼儘管機器是以矽為基礎，而不是以碳為基礎，我們還是能做出有意識的機器，需要的只是增加工程學的複雜度。人腦的每一個神經元會從其他大約一萬個神經元中獲得輸入訊

號，它的輸出訊號也會進入其他一萬個神經元裡。當整個大腦包含八百六十億個神經元時，試圖重現必要的複雜性就是一個龐大的任務了。但你又知道什麼呢？已經有人嘗試這麼做了。

首先是 IBM 的「神經型態」晶片。這是以哺乳類大腦為模型製作的晶片，一開始大約有六千個電晶體（這是數位開關，所有電腦的基礎元件）組合成一個基本的神經元，再把數百個這樣的神經元連接在一起，創造出它們之間二十五萬條以上的連線。接著 IBM 再加上一個記憶體模組，管理必須儲存的資訊，但這基本上就像是哺乳類大腦小小的一部分。目前證實把這樣大量的模組加在一起是有用的 —— 以神經型態晶片為基礎的大腦，已經有能力進行初級的學習。隨著這顆人工大腦愈來愈大（老實說，是大很多），它也許有潛力能表現出意識的跡象。

如果你因此感到憂心，讓我們再雪上加霜吧。這一切研發都是由美國軍方出資，目標是把這些大腦裝在無人機上，由它們自己決定地面上有什麼特別的東西，選擇要追蹤或是摧毀。我們已經有無人機飛彈，並且有能力自動辨識目標並決定是否開火。目前為止，我們還沒有用過它們，不過⋯⋯

潘提・海克恩（Pentti Haikonen）的 XCR-1 機器人比較沒有威脅，它是一個能放在你手掌上的小箱子，有輪子和眼睛，能發出聲音，前端還裝了一個像是鑷子的爪鉤。XCR-1 在環境中移動時會自言自語，然後回答基本問題。它很可愛，所以看到海克恩三不五時就要打它，簡直讓人生氣。

海克恩之所以這麼做，是要讓機器人將它看到的東西與自身的感覺建立關聯性。「痛覺」會中斷正常功能，所以它會避開和這種

感受有關聯的東西。海克恩採取這種基本上很討人厭的行為：給機器人看某個綠色的東西，然後打它的痛覺感應器。因此 XCR-1 學到綠色是不好的，就會避免接觸綠色的東西。觀看這個學習過程還滿讓人難受的。

海克恩確實彌補了它一些。他也會打機器人的愉快感應器，創造看到某個東西的正面感覺。

感覺？這是一個很有爭議的字。雖然海克恩不會清楚地這麼表示，但是 XCR-1 確實可被描述為具有一丁點的意識。就像艾娃的例子一樣，只有你能決定它們是否有意識。上網搜尋海克恩的 Youtube 影片，問問你自己，我們是否已經進入機器意識的時代了。你可能會對於自己打算說出的答案感到驚訝。

所以，這一切會發展到什麼地步？該是提出第三個問題的時候了：**我們能勝過天然的人類智慧嗎？**

美麗心靈 *

艾娃的智慧顯然有限。

 你為什麼會這麼說？

在電影結尾她來到外面的世界時，她有帶任何東西嗎？她有拿包包嗎？

---

* 譯註：原文為 A Beautidul Mind，指涉 2001 年同名電影，台灣譯為《美麗境界》。

沒有。

那她的充電器在哪？有她那樣的腦袋，她最多撐一天就會沒電了。

有道理。而且她打算在獲得自由的第一天，待在十字路口觀看行人。不太像是我們熟悉的機器人毀滅人類的劇情。

沒那麼像魔鬼終結者，比較像是終結她自己 —— 在她無聊到死之前。

這麼爛的雙關語你都喜歡，真是夠了。

　　《人造意識》裡最令人不寒而慄的段落之一，就是艾娃在納森製造的另外一個機器人京子耳邊說悄悄話。從這時起，你開始真心為納森與加勒感到憂慮。這些機器人共謀，它們團結起來對抗人類了，這不會有什麼好結果。

　　原因不難想像。當我們必須創造出人類等級的智慧（我們先不要被意識的問題干擾），我們就必須假設它會有自我改善的傾向，畢竟人類就是這樣，所以這一點很有可能被納入使 AI 得以存在的程式裡。我們希望機器變聰明，所以我們會幫助它們有自助能力。

　　一個會自我進步的人類等級人工智慧會做什麼？嗯，它不會原

地踏步。它不會這麼想：「你知道嗎？我想我們都能同意，這大概就是所有人或所有東西，所需要達到的聰明程度了。」不，它會讓自己比人類程度的智慧再更聰明一些。然後重複個幾次，它就會比史上任何人類都更聰明了。它會有資源使自己達到物理上允許的最聰明的程度，它會成為超級智慧。

然後它的超級智慧可能會讓它製造出自己的複製品（你懂，以防萬一……），可能還會製造一點變化。然後它會開始喜歡與這些和自己相似的複製品互動。沒多久，它龐大的心智會有意識地認為人類只是一個小黑點，或者它們全都會這麼認為，不重要。到了這時候，我們就完了。

這種情境正是所謂的「科技奇點」（technological singularity）。但也不一定只有一片灰暗與悲觀，上述的末日情節只是其中一種可能性。另外一種可能性是，我們允許自己和這些機器融合，然後一同發展。你想創造生化人（cyborg，半機器人）嗎？

這是個引人好奇的前景。我們能給自己植入的記憶體升級，用矽晶片強化神經元，使放電速度快一百萬倍，擴大我們的感官——都是些好東西。我們能成為超級英雄，更能夠設計這些強化手段，使其升級。我們能有這一天嗎？我們會有這一天嗎？怎麼做？以下依序是問題的答案：

可以！

也許！

沒人知道。

第三個答案讓人洩氣，對吧？但事實上，當你開始問我們要怎麼達到人類等級的人工智慧這樣的問題時——也就是超越目前簡單

最適者生存

1942年，科幻小說作家以撒·艾西莫夫（Isaac Asimov），發表了機器人三大法則，堪稱是最早且有條理的機器人決策法則：
1 機器人不能傷害人類，或是袖手旁觀坐視人類受傷。
2 除非違反第一法則，否則機器人必須遵守人類的命令。
3 在不違反第一和第二法則的前提下，機器人必須保護自身的存在。
但是AI不是機器人，它會遵守這些法則嗎？畢竟，它可能會認為自己不是僕人或奴隸，而是有權利的個體 —— 一個不了解為什麼人類應該享有特權的個體。

的推斷能力 —— 能說的其實不多。換句話說，可信的內容非常少。

關於科技奇點，最偉大、最有遠見的人叫做雷·庫茲威爾（Ray Kurzweil）。他在 1970 年代末就創造出提供盲人使用的閱讀機器，這值得讚賞的成就促使他在 1980 年代與盲人歌手史提夫·汪達（Stevie Wonder）合作，發展了一系列的合成器鍵盤。此後，他開始研究其他東西，舉例來說，他目前就在 Google 擔任工程總監。他的網站毫不扭捏地列出自己獲得的讚譽：他曾獲頒美國國家科技創新獎章、二十個榮譽博士學位，以及三屆美國總統授予的榮耀等等。他也名列美國發明家名人堂。

如果庫茲威爾值得信任，那麼科技奇點將在 2045 年發生。他怎麼知道？是這樣的，他在 2005 年預測我們到了 2020 年代中期，會做出像樣的大腦模型，接下來我們會「有能力創造出符合人類智慧的非生物性系統……」，時間會是 2029 年。

怎麼做？透過奈米科技，這也會在 2020 年代發展成熟。不

過，這些是他在 2005 年說的。2017 年時，他把這個里程碑的時間改到了 2030 年代，但奇怪的是，他並沒有修改 AI 達到人類等級智慧的時間。

先不管這些小細節，在庫茲威爾眼中的未來，我們將有能力「在分子層級重新安排物質與能量」。有了到位的奈米科技，我們就能創造出奈米機器人 —— 如血球般大小的機器人，能夠「在血流中移動，摧毀病原體、移除廢棄物、修正 DNA 錯誤，以及逆轉老化過程」。然後似乎就能做出新的大腦，「我們最終將能利用毛細管內數十億個奈米機器人，從內部掃瞄大腦所有顯著的細節，然後備份這些資訊，以奈米科技為基礎，重新創造出你的大腦。」

而這只是這個願景的開始而已。「奈米機器人會讓我們保持健康，從神經系統內提供全面式的虛擬實境，利用網路實現由大腦到大腦的直接溝通，在其他方面大幅擴張人類智慧……。到了 2030 年代，人類智慧的非生物部分將會成為主宰。」

這是很不賴的前景，但不是每個人都像庫茲威爾這麼樂觀。《科學人》(*Scientific American*) 前總編輯約翰・連尼 (John Rennie) 稱之為「不可靠的未來主義」，認為庫茲威爾的預測「漏洞太多，以至於近似缺少可證偽性*」。此外，目前負責大腦研究機構（還有其他的，例如幫忙搜索外星人）的微軟共同創辦人保羅・艾倫 (Paul Allen)，也認為我們距離這令人振奮的成就，還差了十萬八千里。

---

*譯註：falsifiable，由經驗得來的表述，必須容許邏輯上的反例存在。此處意指庫茲威爾的論述無法容許邏輯上的反例存在。

　　艾倫勉強承認，我們可以了解大腦的基本運作原則，但是需要的不只是這種靜態的藍圖──我們需要動態的。大腦如何做出反應並且改變？數以十億計的平行神經元如何互動，促使人類意識與原創想法出現？

　　艾倫認為這種知識才是他所謂「複雜度煞車」*要處理的東西。換句話說，這乍看之下是可行的，目前的進展甚至讓人覺得前景可期，但是，你愈嘗試更大的進步，就會發現愈困難。

　　如果你想要一個複雜度煞車的好例子，就看看奈米科技的進展吧。自從 1980 年代被認真提出後，這些模仿生物機制的超小機械玩意兒遲遲沒有現身。艾瑞克・德雷克斯（Eric Drexler）在 1986 年出版的《創造的引擎》（*Engines of Creation*）一書中描繪了這樣的未來，但在 2013 年，他承認還沒有人真的開始製造這些小機器。

　　不過最近情況似乎有些好轉。舉例來說，哈佛大學的研究人員已經利用折疊後的 DNA 雙股做出奈米機器人，在蟑螂的體內投藥。這些折疊起來的 DNA 碰到正確種類的生物分子時會解開，釋放出所攜帶的藥物劑量，這意味著它能鎖定造成特定疾病的化學物質或細胞。

　　然而，這距離在人類身體內巡邏的修復型奈米機器人還有一大段路要走。關於這個奇點，有人更落井下石主張：不管它有多聰明，人造大腦就是無法勝過人類智慧。我們的大腦跟著我們的身體（好吧，是在頭頂）演化，歷經數百萬年演化的磨練。可能就是要

---

* 譯註：因為生物系統涉及許多面向與物質，大腦神經元間的連結也不能用單一方程式定義；若改變其中一項，無法確定不會影響到另一項，因此這種複雜系統具有先天的剎車作用。

大腦加身體的二合一套餐，才是我們智慧的真正源頭？畢竟我們的
基因體內帶著很多資訊（如《千鈞一髮》那章裡講到的），說不定
我們的大腦之所以看起來聰明，是因為它們已經演化成和我們身體
的其他部位同時並行。

換句話說，也許 AI 不會在可預見的未來毀滅我們。也許我們
還是能控制它的進展，使它幫助我們建立一個更好的，而不是更可
怕的世界。

> 這是個意味深長的「也許」。我們學到了什麼呢？人工智慧已經存在，它的能力正在快速成長。沒有人知道機器是否有朝一日會出現意識 —— 因為沒有人知道「意識」的意義……

> 還有，我可能會有變得超級聰明的一天。

> 你會把自己上傳到電腦裡，讓自己永生不死嗎？

> 當然。你呢？

> 我不知道。那感覺像是一種奇怪的存在，我滿喜歡自己的身體的。

> 恐怕只有你一個人這麼想。

異形
ALIEN

外星人到底長什麼樣子？

我們是宇宙中唯一的生命嗎？

我們真的想找到ET嗎？

> 在太空裡，沒有人能聽見你尖叫。真的是一句很棒的臺詞。

 其實嚴格來說是聽得見的。2014年，航海家一號（Voyager 1）從一個被太陽彈射出的物質裡接收到一道由壓力波所攜帶的聲音。

> 喔，好。可是電影《異形》在1979年上映，航海家當時才剛開始任務兩年。他們那時候還不知道啊。

 而且，「在太空裡，沒有人能聽見你尖叫 —— 除非你夠幸運，有日冕物質拋射可傳達你的恐懼」這樣的句子也不適合放在海報上。

　　《異形》的宣傳詞深入人心，尖銳揭露這部片有麼多嚇人。雖然現在看起來某些特效有點過時，而且這一系列的作品也膨脹到失控，但是原本的刺激還是存在。

　　這部片的概念，發展自一份劇本：描述一隻小動物在二次大戰的飛機上引發的問題。「發展」是關鍵字： 現在我們有一隻高約二・五公尺的怪物，嚇壞了整艘未來太空船上的人員。牠消滅了一個接一個的人類，最後只剩下雪歌妮・薇佛（Sigourney Weaver）飾演的角色艾倫・蕾普莉（Ellen Ripley）。導演雷利・史考特（Ridley Scott）其實想讓異形貫徹始終，最後把蕾普莉的頭扯斷，然後將太空船駛入無垠黑暗中。但他的想法當然被推翻了 —— 如果能保留

第一集的角色，那拍續集就容易多了，也更能賺錢。而且，雖然這個外星異形很可能是那種會被其家人形容為「挺有個性」的角色（尤其是牠在婚禮上喝太多的時候），但牠並不是最能讓觀眾感同身受的電影明星。

　　導演史考特好好地玩了「史蒂芬‧史匹伯之《大白鯊》」的把戲，也就是大部分時候異形都沒有現身，但我們還是在少數幾個短暫畫面裡看到了他的外星生物。像是從約翰‧赫特（John Hurt）胸口爆出來、陽具般的噁心小幼獸亂竄的畫面（看起來很像是被一條線拉動的）；還有幾幕短暫瞥見已經成年的怪獸，兇狠的牙齒滴著酸性唾液 *，用舌尖那個詭異的第二張嘴咆哮。這樣的造型設定最初來自吉格爾（H. R. Giger）的素描，他是一位超現實藝術家暨專業的噩夢製造者，而成果也是電影史上最經典的作品之一。但是這個形象的準確度有多高？喔，這就是我們的第一個問題了：**外星人到底長什麼樣子？**

此物只應天上有

> 你知道外星人從赫特身體裡爆出來的那幕，靈感其實來自於編劇本人的克隆氏症（Crohn's disease）嗎？

> 我不知道。我以為那只是個明顯的恐懼比喻。

---

* 其實是 KY 潤滑劑啦。

編劇丹・歐班諾（Dan O'Bannon）有天晚上因為胃痛得不得了而醒來。他形容，就像是有東西想逃出他的身體一樣。

這應該是解決作家瓶頸最厲害的方法了。

　　電影中的這種生物，和 1950 年代追尋外星人的電影中可能會看到的那種「小綠人」天差地遠。但是，這兩種生命形式真的有哪一個比較接近真實的嗎？關於外星人的長相，當然有很多不同的選項；就我們對這顆行星上的生命演化所知，我們可以用還算豐富的資訊，推測一下某些外星人的模樣。但是，因為我們所有的知識都限於這顆行星上的生命演化，所以我們幾乎不可能理解其他的可能性。不可避免地，我們最後只能以「我們知道的生命模樣」進行大部分的思考，因為我們根本不知道怎麼思考那些，呃，不像我們的生命。

　　碳是地球生命的積木，這是一種特殊的元素，會形成很美妙的長鍊「骨幹」，讓各種可能的東西附著上去。此外，它也能和其他穩定但可分裂的元素結合。因此，碳與它的化學夥伴 —— 氧、氫、氮、磷和硫 —— 共同盡責地支撐著這顆星球上的生命。

　　但也不是非碳不可。矽經常被視為另一種生命形式的替代積木，因為它和碳有很多相似的化學特質。不過說到底，矽看來還是沒那麼適合當前的（巨大）任務。一個主要的問題是：碳和氧結合時會形成氣體二氧化碳，但是氧化的矽會形成固體的二氧化矽。氧

化作用對我們而言，是一個重要的生物化學過程，而形成固體對有機體來說，會帶來一個嚴重的問題：你要怎麼處理它？雖然不是不可能，但不可否認處理氣體產出物比較簡單。

所以，讓我們回到我們知道的例子。以碳為基礎的生命很快就在地球上出現。我們認為，簡單的生命 —— 原核生物，小小的單細胞有機體 —— 大約在三十八億年前誕生，就在我們這顆火熱的小岩石冷卻到足以出現生命的幾百萬年之後。這些生物現在依舊與我們同在，細菌就是一個例子。

如果所有的外星生命都在細菌的階段就停止發展，真的無聊得要死。但是我們必須承認這是一個可能。事實上，有非常多的理由說明生命為何可能會出現，但毫無進步，無法進行星際旅行。然而，我們就不要討論太多這個令人失望的結果了。更何況，現在我們已經能合理地猜測，如果生命真的好好扮演自己的角色，最終的演化成果會是什麼樣。其中一個很大的問題在於智慧的演化，這是必然的嗎？我們在《決戰猩球》裡討論過，我們沒有肯定的答案。但是，以我們自己的世界為例，我們看到了許多生物都各自獨立演化出智慧與解決問題的能力，從海豚到人類到烏鴉都有。

我們相信自己的智慧是最進步的，但很有意思的是，我們不是最早演化出智慧的動物。最早出現進步智慧的，很可能是我們的老朋友 —— 章魚。冒著被視為對章魚有異常執著的風險（我們猜，你應該看了《決戰猩球》那章吧？還有《人造意識》？），我們還是得說，章魚是潛在的外星生命形式裡一個很有意思的模型。首先，這種生物演化的條件根本，呃，和我們天差地遠。章魚和我們有共同祖先，應該是某種性感的水生蟲類，皮膚上有光敏性色素，然後

大過濾理論

也許,沒人來是因為很少有一個物種能發展到太空船能離開自己太陽系的程度。我們是獨一無二的嗎?有沒有一個「大過濾器」,普遍地阻止生命演化到那個地步?

地球殊異假說(The Rare Earth Hypothesis)認為,我們可能就是這麼特別:我們這顆行星是特別為了生命演化而設置的。此外,大約三十八億年前生命的出現,可能只是一種僥倖;這樣一來,我們也許真的是天地間、宇宙中唯一的生命。

支持過去有大過濾器存在的一項理由是:從基本的原核生物轉變成複雜的真核生物(eukaryotes),居然需要驚人的二十億年之久。真核生物有細胞核和胞器等其他特徵,得以進行複雜的化學過程。目前就我們所知,這一步只發生過一次,而且還是意外。少了這種好運,地球上的生命可能永遠都不會脫離基本的細菌型態。所以,其他行星上現在也許擠滿了永遠無法達到複雜型態的生命。

另外一個選項是,沒有大過濾器存在 —— 我們只是剛好是最早演化出智力的文明,我們如同其他生命一樣,正在發展成超級進步的智慧生物,最終要在銀河系裡殖民。然而,我們是顆年輕的行星,所以為什麼別的地方只能是「現在」才在演化智慧生物呢?

最後,有一個滿令人擔憂的說法,也就是大過濾器可能就在我們前方。可能是文明發展到某個技術成熟的階段時,最終必然會毀滅自己。值得期待。

在至少五億年前開始與我們分歧。這代表章魚已經自顧自地活了很久,牠們適應了和我們截然不同的挑戰與壓力。然而,牠們還是找到了一些和我們類似的解決方法處理某些事。舉例來說,牠們的眼睛和人類眼睛像得驚人,而且牠們有功能強大的腦和智力。這些都

是所謂「趨同演化」的例子：面對相同的問題，物種間的解決方法（例如怎麼看）各自獨立地出現。這也暗示了，智慧在各種環境中都是很有用的生存機制。

好，記住這些前提，現在我們來試著拼湊外星人的模樣。智慧讓你能預測與影響周遭的事物，並且克服問題，所以我們可以假設外星人有演化出智慧。我們知道對環境的知覺必定是有用的，這暗示任何有智慧的外星人，都一定會有可與我們感官類比的東西。

眼睛在地球上已經演化了約五十到一百次，都是在不同的環境中獨立演化而來。大約百分之九十七的地球動物有眼睛，所以很有可能我們的外星人也有。不過那些眼睛的適應目標，不一定是要看見和我們相同的可見光譜，而是會根據他們的太陽的光譜高峰，以及演化使他們適應的任務而決定。地球上很多動物看的方式都和我們不一樣。舉例來說，烏賊能看到偏振（polarization）—— 形成光和其他電磁輻射的電場與磁場的方向 —— 並用它來溝通。吸血蝙蝠能偵測到紅外線輻射，藉此「看到」獵物的血管。

我們的外星人可能有兩隻眼睛，這似乎是地球上最受歡迎的策略（抱歉了，蜘蛛，但你是極少數的群體）。而且他們可能是臉朝前方的，這樣一來就能有立體視覺，也就能偵測深度。這項特徵不論在獵食或避免自己成為食物時都非常有用。他還需要某種鼻子，不過並不一定是要向外凸的（也許能感應到電場以及化學氣味，像奇怪的匙吻鱘〔paddlefish〕那樣）。還有，可能會有某種耳朵，以及可以大口吞食的嘴巴。牙齒不是非要不可的東西 —— 問鳥就知道了 —— 但是如果他們要吃可能有纖維的外星「植物」，那可能就會有牙齒。就像電影裡外星人所示範的，牙齒也很能夠驚嚇你的獵

物，然後再咬爛他們。

我們的外星人十之八九是對稱的──這似乎是生命的一項特徵，可能是因為這樣才能使建造生物的使用手冊（DNA，或同等的東西）比較簡潔。整體大小與形狀很大部分會根據行星的重力強度，以及相應的大氣密度而決定；如果重力很強，大氣層很厚，那麼演化可能會創造出比較大型的「飛行」外星人，能利用他們行星的稠密空氣獲得浮力，四處俯衝。

我們的智慧外星人會有一個大腦，也幾乎能肯定外側會有一層保護殼，可能是外骨骼的形式，就像電影裡那樣。外骨骼的缺點是，如果長到超過某個大小，它們會傾向在自身的重量下崩塌，藉此限制生長。這可能會限制我們的外星人體型大小，繼而限制他的腦容量。所以內骨骼，包括頭骨，是比較可能發生的適應性演化。

如果假設我們的智慧外星人有高度發展的科技（不然它要怎麼找到我們，讓我們成為宿主？），那麼它就需要有操作物體的能力，也就是擁有能抓取和轉動的指頭，像我們的手指一樣；可能如同許多科幻作品中所描述的，是某種適於抓握的觸手，或者像傳統印象中那種手臂末端就是手掌的組合。住在地面上的外星人也需具備某種移動的能力，除了擁有某種型態的腳以外，很難有其他的可能。而如果它的某對肢體末端有指頭的構造，那麼根據對稱原理，它的其他肢體也很可能具備指頭的構造。

但是你不會想用所有的肢體來移動。如果你有能力操縱環境裡的物體（除非是用觸手），那你最好保留一些肢體來做這件事，所以我們的外星人可能會只用兩隻腳站立。

這全部聽起來都好熟悉。邏輯似乎讓我們獲得一個，嗯，外表

滿像人類的東西。這是不是因為我們很難想像自己以外的存在呢？劍橋大學古生物學家賽門‧康威—莫里斯（Simon Conway-Morris）不這麼想。他相信，根據趨同演化，加上演化過程傾向以類似的解決方法處理環境的問題，「達爾文式的演化其實滿容易預測的。」他主張，當演化和天擇主導一切時，相似的主題就會浮現。因此他認為，人科動物的外型其實是任何世界裡（或至少類似我們的世界裡），有感覺的生物的最好解決方案，好到康威—莫里斯認為外星人會和我們「恐怖地相似」。

所以這是一個可能性——擬人的外型。然而，「尋找外星智慧計畫」（SETI）中的資深天文學家賽斯‧蕭斯戴克（Seth Shostak）有不同的想法。我們的行星是年輕小伙子，才四十五億年而已，宇宙中會有年紀是我們兩倍的行星。這代表，可能有演化得比地球生命還要久上許多的智慧生命存在。他根據人類目前機器智慧發展的程度，提出此時的外星文明可能已經達到完全拋棄有機體束縛的地步——一個轉變為純粹的科技智慧的文明，捨棄他所謂「泡在鹽水裡的海綿般的大腦這種老派又不合時宜的典範」。這會有一個很大的好處，也就是他們能忍受極度長程的旅行。因此可以說，他們更有可能和我們接觸，或是拜訪我們*。

有一件事是大家普遍同意的——這讓所有人都鬆了一口氣。我們能排除外星人寄生在人類身上的可能性。寄生蟲會和牠們的宿主一起演化，考量到外星人根本還沒有來地球和我們一起演化（就我們所知是如此），寄生就不可能發生，代表我們可以比較安穩地

---

* 雖然蕭斯戴克認為這是令人期待的前景，但外星人來訪不是人人都喜愛的點子。我們等等會講到……

入睡了。如果外星人真的和我們有實體接觸，他們可能也不會從我們的胸腔爆出來。

所以現在歸納出幾個可能性：某種非常基本的細菌（無聊），人形的外星人（超詭異的），或是機器外星人（可怕極了）。真正麻煩的問題來了：**他們在哪裡？**

西線無戰事

> 我有生之年看不到外星人，真是太崩潰了。

 嗯，也許這是件好事。我不知道人類接觸外星生命時是否能應對得宜。

> 好吧，想像你自己面對一個來自異世界，長得又怪又醜的生物。你會怎麼做？

 我不用想像啊。我和他一起做了很受歡迎的播客節目。

在《異形》裡，太空船諾斯托洛莫號上的船員，到了最後關頭才發現自己被地球的異形獵人設計了，機器人艾許也是他安插的棋子。他們——或至少大部分的他們，隨便啦——很衰，因為對外星人著迷的人通常沒什麼理智，尤其當你想到找到 ET 的機率有多

低，就知道他們多不理智。

　　目前為止，我們已經花了數十年尋找，而且一無所獲。真的讓人空歡喜一場。每當我們發現來自地球以外的不尋常東西，就會湧現一陣充滿希望的興奮與熱忱，想把我們觀察到任何現象都歸功於外星生命。但是我們總是會失望。大家都到哪裡去了？

　　1961 年，天文學家法蘭克・德瑞克（Frank Drake）提出一個方程式 *，試圖解答這個問題。方程式裡有七個參數，一旦你放入值，就會得出宇宙中可偵測到的外星文明預估數量，後來被稱為「德瑞克方程式」。一切都很好，只有一個問題 —— 找出每個參數的值到底是多少。以下是這個方程式中的參數：

（1）新恆星出現的速率

（2）有行星系統（環繞恆星，運行在軌道上）的恆星比例

（3）每個太陽系中可居住行星的數量

（4）生命出現在可居住的行星上的機率

（5）發展出有智慧的生命的機率

（6）有可偵測技術的文明的比例

（7）文明能生存並向外送出訊號的時間長度

　　從德瑞克開始顯擺這個方程式以來，我們一直在嘗試得出這些參數的值。最近我們在第一項有了還不錯的成果。透過各種方法，我們現在發現了超過三千個外行星，讓天文學家可以做出更

---

*$N = R \star \cdot fp \cdot ne \cdot fl \cdot fi \cdot fc \cdot L$，想當然爾。

好的估計。

現在我們認為,和太陽類似的恆星中,百分之九十會有外行星,當中有百分之二十處於「可居住帶」,也就是應該存在能支撐生命 —— 至少是我們所知的生命 —— 的環境條件的地方。

至於其他參數,你差不多就只能用猜的(生命與智慧出現的機率原則上應該可以知道,但我們還不知道)。輸入最低、最悲觀的值之後,我們可以算出自己是銀河系裡唯一有智慧的文明,但在可觀察到的宇宙裡,可能還有一萬五千個有智慧的文明存在。如果用非常樂觀的值來算,那麼光是在我們的銀河系裡,就還有七萬個有智慧、可溝通的文明存在,整個宇宙中的數字則接近一百一十億。這代表有很多外星人欸。

圖10-1 我們對於發現其他世界這件事愈來愈上手

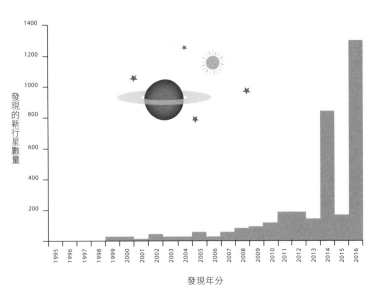

另外要考慮的是，地球是在四十五億年前才形成的，有鑑於我們認為宇宙已存在一百三十八億年，那麼也可以合理假設，我們認為那些可居住的行星有很多都比地球古老。這意味著生命在那裡演化的時間，會比我們這個年輕行星久很多。這麼一來，如同蕭斯戴克所指出的，我們可以預期某些文明比我們的文明還要進步很多很多，可能有超級聰明的生化人生存其中。這暗示了，出於好奇心與獵取資源在內的種種理由，這些文明都會想辦法殖民其他行星。就算只是搭乘以我們所能想像的速度（比方說，光速的四分之一就好）飛行的太空船，勤勞的外星人大概也只需要四五百萬年，就能殖民一整個像我們這樣的銀河系，乍看好像很久，但以宇宙的角度來看，根本只是一眨眼的時間。所以我們要再問一次：他們到底在哪裡？

恩里科・費米＊在 1950 年問了這個問題，並且導致了費米悖論（Fermi Paradox）的出現。費米的重點其實在於星際旅行看似不可能，但卻被詮釋為懷疑外星智慧存在的理由。如果宇宙裡有很多外星人，那我們當然應該要看過一些證據吧？

也許有，也許沒有。關於為什麼超級進步的文明還沒向我們現身，有很多不同的解釋。可能是因為我們處於銀河系遙遠、荒蕪的「郊區」，所以在「都會區」的那些外星人沒什麼太大的興趣前來。也許他們曾經在數千、數百萬年前，甚至數十億年前來過地球，然後發現這堆爛泥裡沒什麼值得淘金的。也許超級智慧種族根

＊ 譯註：Enrico Fermi，美籍義大利裔物理學家，在量子力學、核子物理、粒子物理以及統計力學都有傑出貢獻，並參與創建了世界首座核反應 —— 芝加哥一號堆，同時也是原子彈的設計師和創造者之一。

我們能以多快的速度旅行？

航海家一號是目前最快、不在軌道上的人造物體——它已經離開了我們的太陽系在星際空間裡航行，時速約六萬一千五百公里。聽起來很快，但航海家一號還得花上八萬年才能抵達距離我們最近的恆星：半人馬座比鄰星。如果我們要派一艘有人員乘坐的太空船進行這趟旅程，實際抵達那顆恆星的人會是船員的第兩千五百代子孫——兩千五百個世代，在零重力、輻射線大轟炸的環境裡繁衍。偷偷告訴你，到時候他們應該已經不算是人類了……

最令人期待的可能方法，應該是以某種推進束（beam propulsion）加速前進，太空船會有一面巨大、非常輕薄的帆，由在地球產生的集中能源束（雷射或是微波）提供動力。突破星擊計畫（Breakthrough Starshot）打算使用類似這樣的東西，派一艘無人奈米船進入宇宙，以百分之二十的光速前進。這個計畫希望派遣一個艦隊，「在一個世代內」，也就是短短二十年後，抵達半人馬座 α 星。一旦抵達，奈米太空船可望用它的迷你相機拍攝一些照片，然後貼在臉書上。外星人，快標記你自己！

風帆的設計顯然相當關鍵。一些哈佛的科學家已經在研究如何維持風帆的最佳角度以獲得推進束的能量，目前也得出了一個球面的構造。而且風帆會自我修正，如果太空船向左晃了晃，能源束自然會把它推回右邊。更重要的是，這些奈米太空船看起來會很像超大的迪斯可舞廳水晶球。唯一能肯定的是，外星人一定會知道我們是好玩的生物。

本對殖民沒有興趣。又說不定，他們是那些愛家好男人，找到在自己的太空鄰里間過著烏托邦般的生活方法。也許他們生存在完美的虛擬實境裡，在銀河系裡閒晃對他們來說一點吸引力也沒有。也許他們進步到我們無法得知自己被他們觀察的程度，而他們遵守著

「請勿碰觸」的觀賞原則，對他們來說，我們只是一個娛樂設施，一種珍品，或是一座動物園。更極端的版本是，這些外星人已經發展得遠超過我們的概念，我們根本無法理解他們。他們可能已經以某種方式居住於地球，但我們渾然不覺。

也許就像《星際效應》裡演的那樣，外星人住在第五維度裡，我們就是不知道怎麼接觸他們所在的現實。也許我們就像是住在十線道高速公路旁蟻丘裡的螞蟻——無論是高速公路還是蟻丘的構造都很了不起，但是兩者在規模與移動速度上的差異，意味著使用其中一個構造的有機體，會很容易滿足於現狀，而忽視另外一個構造。

也或者，他們只是還沒找到我們——也許我們應該對此心懷感激。一切都平靜無波，也許是因為宇宙裡有掠食性外星人，就像《異形》裡的那些外星人，而其他有智慧的文明都知道這一點，所以非常低調。換句話說，他們嚇得屁滾尿流，躲得好好的。這使得我們「朝空中發射訊號，派遣太空船離開我們的太陽系」的行動看起來有點蠢。

在這一點上，霍金已經承認自己是個膽小鬼。他擔心進步的外星種族「力量會比我們強大許多，也許會認為我們比細菌還沒價值」。那也是「也許」，不過壞消息是，一切都為時已晚了。我們已經播放電視、無線電和雷達好多年了，而這些傳輸內容都已經洩漏到太空裡了，現在才安靜下來已經沒什麼意義。

最後一個關於外星人缺席的解釋，當然是經典的《駭客任務》情境：我們活在虛擬世界裡，程式設計師根本不想沒事找事，寫什麼其他智慧生物的程式碼。也許他們發現那根本是浪費時間，而且看我們抓破腦袋也沒有頭緒也滿好玩的。

我們被綁架了嗎？

沒有。

一個很有名，但非常沒有根據的1992年民意調查顯示，有三百七十萬名美國人相信自己曾經被外星人綁架過。冷靜下來，美國人！

相信自己被外星人綁架的心理學非常有意思。首先，這些據稱被綁架者的回憶，通常都是在催眠狀態下製造出來的。催眠不是擷取「隱藏記憶」的可靠方法 —— 事實上，目前已經顯示受催眠者非常容易就被誘發出假記憶，容易受到暗示的人更是如此。再者，許多被綁架者都表現出「假記憶症候群」，他們在記憶測試中，傾向想到自己沒有看過的字詞或物品。

睡眠癱瘓據信也在他們的故事中扮演一個重要部分。有這種症狀的人，在入睡或醒來時經歷會暫時的癱瘓。這算是個已經獲得了解的現象，我們知道這些人醒來時，他們嚇壞了的腦袋有時候會創造出閃光、滋滋聲、漂浮感，以及人物存在（哈囉，外星人）。在此澄清，這些都只是幻覺。大部分有這種問題的人，都把這些效果視為夢境的一部分；剩下的人就把它們解釋為外星人胡搞的證據。這樣的經驗主觀上是非常真實的，但是客觀上……呃，就是胡說八道。

研究顯示，很多回報綁架的人都會主動擁抱「外星人綁架受害者」的身分。他們似乎認為這具有某種安慰效果，在心理上對他們有所幫助。就像是在一個恐怖的俱樂部裡找到歸屬感。

不過，萬一沒有任何外星人呢？這是非常恐怖的一個論點。也許就是，文明發展到某個技術成熟的階段時，最終必然會毀滅自己；也許是透過改造出無法控制的病毒，或是發展與部署毀滅整個星球的核子武器，或是創造出將整顆星球覆蓋二氧化碳的科

圖10-2 我們的許多電視訊號已經到達了其他星系

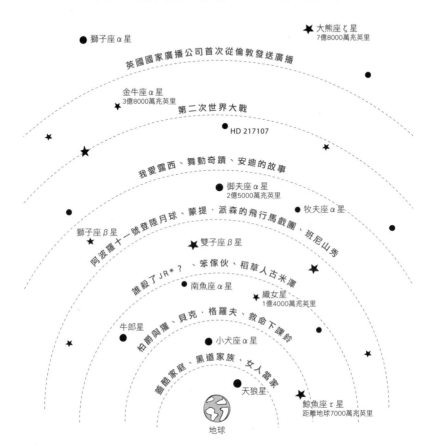

技，繼而摧毀曾經讓自己繁榮發展的那些條件。這也不是難以置信的，對吧？

不過呢，實際上我們對於外星人的缺席，完全毫無頭緒。全都只是猜的。部分原因是，我們非常難理解自己可能是較低等物種的可

---

* 譯註：美國影集《達拉斯》（*Dallas*）在 1979 年當季最後一集，演出角色 JR 走出辦公室後遭到射殺，並以「誰殺了 JR？」作為主打廣告詞，一時蔚為流行。

能性。我們在地球上完全沒有這樣的經驗 —— 我們是小池裡的大魚，是雞首不是牛後。因此，萬一真的發現了外星人，我們很有可能無法應對他們。這就是我們最後一個問題：**我們真的想找到ET嗎？**

來自另一端的招呼

你知道有一個「SETI偵測後委員會」，負責指導回應外星訊號嗎？

我當然知道，我甚至訪問過委員會主席保羅・戴維斯（Paul Davies）。

那～～麼厲害！那他們是否代表全人類呢？

如果你所謂的「全人類」指的是一群來自歐洲、美洲和澳洲的白人，加上一個印度小伙子……那麼是的。

沒有中國代表？

沒有。

中國不是有世界上最大、最好的電波望遠鏡嗎？

對。

這些人小時候都沒有學到教訓嗎？絕對不要排擠有最厲害的玩具的同學。

　　能沒有什麼害怕失去的東西一定很好。太空船上的機器人艾許沒有那種麻煩的生物性責任，不需不擇手段地活下去。他接受來自上面的命令：如果任務碰到外星生命，以活捉它回地球為第一優先。所以他試著說服在太空船上的其他人這是最好的計畫；這也是為什麼船員的安全不在他的優先考慮範圍內。然而，當他即將被永久斷線時，他對蕾普莉成功對抗這個「完美有機體」的機率，確實表達了同情。真是個好機器人。不過，艾許也有他的道理。考量到後續可能發生的種種可怕情節，我們真的想要找到外星人嗎？

　　也許我們想得還不夠透徹，但是證據顯示：是的，我們真的很想這麼做。我們渴望《異形》中描繪的那個時刻 —— 攔截到「未知來源傳輸的訊號」—— 我們也已經期待了好多年了。事實上，在SETI進行數十年後，有些狂熱分子對於只是尋找外星人傳輸訊號這種被動方式已經失去耐心。他們推動比較「主動式的SETI」，認為我們應該直接針對有希望的位置發射出訊號束 —— 例如在可居住帶的外行星。換句話說，我們應該大喊：「有人嗎？」

　　這是個好主意嗎？朝外行星廣播到底有沒有實質的危險，科學家對此莫衷一是。天體物理學家尼爾・德葛拉斯・泰森（Neil deGrasse Tyson）指出，我們不會隨便告訴同物種的陌生人自己的住

址，「所以，」他說：「想盡辦法把住址告訴外星人？這樣太魯莽了。」很有道理。我們不可能知道自己發出的邀請會被如何解讀，甚至可能被視為一種挑釁。霍金曾經對外星人來訪提出很有名的一個比喻：如同哥倫布到達美洲。對原本的居民來說，這造成了滿糟的後果。

其他人則反擊，如果我們，或我們的資源是他們感興趣的，而且外星人會造成問題，那他們應該幾百萬年前就已經發現我們，並且掠奪地球了。而他們還沒這麼做，還滿讓人失望的。而且不論我們有沒有開開心心地大喊「哈囉」，對於進步的文明來說，找到我們的位置不太可能是個問題。在過去五億年裡，外星天文學家可能已經在我們的大氣層中偵測到了氧（正如我們想辦法偵測他們的一樣）。再加上前面說到的，我們已經外洩了好多年的無線電、電視還有雷達。針對這一點，蕭斯戴克曾經說過，比起將一切交給機率決定，發送有意圖的訊息可能是個好主意。否則某些外星人可能會調到某個頻道，看見古老的電視節目，於是對我們這個種族有著完全錯誤的印象。我們可不想讓他們憑著舊影集《大家都愛雷蒙》*評斷我們，對吧？

事實上，我們也已經發出了一些有意的訊息。我們在 1970 年代的航海家探索船上放了一些東西。2008 年的時候，NASA 朝著四百三十一光年外的北極星方向，放了一首披頭四的歌〈跨越宇宙〉（Across the Universe），由一個完全從字面思考的人挑的歌。至於這

---

* 譯註：*Everybody Loves Raymond*，美國 CBS 電視台播出的情景喜劇，講述體育新聞記者雷‧巴羅內（Ray Barone）一家的日常生活，播出時間為 1996 年到 2005 年。

更新金唱片

人類放在航海家探索船上向外星人描述自己的金唱片（Golden Record）已經過時到讓人覺得尷尬，還好我們有一些新東西可以送進太空，讓外星人知道我們的成就……

· 這本書讓外星人大致了解我們的科學程度（也希望他們會多訂幾本）
· 全套的金·卡戴珊表情符號*，這是了解人類溝通最簡單的方法
· 起笑蛙**的歌，附帶說明當時真的是最糟的情況
· 人類基因體，可視為「如何做出你自己的人類」說明手冊
· 一些冷凍乾燥的乳酪，讓我們看起來比較不值得入侵
· 演員麥可·法斯賓達***的裸照（讓他們知道我們可不好惹）
· 一臺電視，用以解碼我們播放的內容
· 一罐橘子果醬（讓他們搞不清楚狀況）

樣做有什麼意義，就留給大家猜測了。要是外星人一直是滾石合唱團的歌迷，而且是一心想要統治銀河系的好戰瘋子呢？萬一披頭四最後被證明是導致人類滅亡的罪魁禍首就太慘了。

我們與外星人面對面（或面對管狀器官）時，唯一的問題並不是發生銀河系間衝突的可能性。多虧了我們在地理上的遙遠距離，

---

* 譯註：由美國名媛／藝人金·卡戴珊（Kim Kardashian）推出的表情符號貼圖，內容包括她本人的各種表情，可於應用程式商店購入。
** 譯註：1997 年由瑞典演員暨劇作家艾瑞克·沃昆茲（Erik Wernquist）所創作的數位角色，其混音歌曲在英語系國家大紅，當年也是金融風暴爆發的年分。
*** 譯註：Michael Fassbender，德裔愛爾蘭男演員，近年代表角色為《X戰警》系列中的萬磁王，身材精壯。

雙方各自的文明不太可能有很多相似處。加上訊息束要花好幾年（可能是數千年）才會從我們的太陽系到達別的太陽系，所以不會有任何妙語如珠的機智應答，更別說心智的相遇了。對話會相當矯揉造作，有意義的溝通很可能難以達到，甚至幾乎是不可能的。這就是為什麼先送船上只有某種形式的人工智慧（最好是不像艾許那麼聰明的）的探索船出去，對於我們以及外星人來說，都是比較合理的，它們能分析並學習對方的語言，然後直接溝通、提出並回答重要的問題。

還有另外一個原因能夠說明使用 AI 較為合理。薩根曾經提出，外星人的思想處理速度可能和我們非常不同。可能快很多，或是慢很多。有可能外星人向地球發出「哈囉」的訊號，但語聲未落就已經在奈米秒間消失，也可能被拉長到五十個地球年之久。不管是哪一種，都很難讓我們理解。而且在這樣的條件下，要開啟一段有意義的對話，並且讓一方不會在等待回應時覺得無聊，真的很困難。AI 可能比人類更能應付這種狀況。

儘管如此，我們的 AI 畢竟還是以我們的規格為基礎而建造，所以可能無法處理與外星人的溝通。外星人的大腦可能和我們有著全然不同的架構。期望我們，或是任何我們創造出的東西，能夠實際地理解外星人的認知，這真的合理嗎？我們連在自己的星球上和其他智慧物種溝通都已經問題百出了，有時候瑞克和邁可都彷彿在說不同的語言。更甚者，外星人可能有完全不一樣的價值觀與信仰，它們也許會有我們預期之外的詮釋方式；最令人擔心的是，它們也許會把我們的「友善」視為敵意，反之亦然。我們不能假設它們和我們有相同之處。換句話說，風險非常高。

　　儘管有這些反對聲浪，接觸外星種族還是可能有很多好事發生。心理學家史蒂芬・平克（Steven Pinker）這類樂觀主義者相信，人類文明已經隨著時間的發展變得愈來愈……呃，文明，戰爭變少了，大部分人生活條件也都更好了。所以比我們更進步的外星文明有可能會比較友善，也更有世界大同的心胸。這樣一來，他們可能會教導我們更多關於生命、宇宙，以及……嗯，一切的知識。他們也許會帶給我們新的科技，終結所有人類的苦難，他們甚至可能很有喜感。誰不想要看看外星藝術，或是聽聽外星樂章，也許還能扮演一下《星艦迷航記》（Star Trek）的寇克艦長，和外星人交往呢？

　　承認吧，這所有的努力——其實是這整本書——都衍生自我們難以抑制的人類好奇心。SETI 計畫首席天文學家蕭斯戴克認為，我們尋找外星人、尋求科學解答背後的動力，都與我們進行探索的動力相同。他表示，這對任何社會來說都是好的。和外星人接觸使我們能更了解自己和宇宙，我們也許會知道人類的經歷有多少是我們所獨有的，又有多少是全宇宙都一樣的。我們會知道數學和科學這些東西到底是基本的，或只是地球上的概念。也許，某些外星人會徹底顛覆我們的道德與倫理觀。所以，是的，也許這是個壞主意。但無論如何，我們都該放手去做。如果不冒險的話，生命又有什麼意義呢？

所以外星人可能和我們很像……

但是他們距離我們非常遠，這可能是一件很好的事。

我不知道你為什麼要這麼悲觀。追尋外星人是人類最偉大的冒險。

直到我們發現這是人類的最後冒險。

你很掃興欸！

致謝

你想先謝謝誰？不要說你自己。

這樣啊。那我得想一下了。

我來幫你吧。沃夫岡電臺（Radio Wolfgang）的所有人，尤其是我們的製作人麥斯·桑德森（Max Sanderson）與漢娜·沃克—布朗（Hana Walker-Brown）。還有艾沃爾·「凶手」·曼利（Ivor 'Slayer' Manley），感謝他對你糟透了的麥克風使用技巧這麼有耐心。感謝戈馬克·麥考利夫（Cormac McAuliffe）永遠都這麼聰明。感謝科姆·羅奇（Colm Roche）營運沃夫岡電臺，偶爾還請我們吃飯。當然囉，還要感謝偶像，「賴瑞的兒子」喬治·藍柏（George Lamb），把我們湊在一起後就跑了⋯⋯

桑德森也協助進行研究，並修潤這本書。我想到了，我要感謝艾墨（Emer）忍受我在撰寫這本書時的壞脾氣，而且偶爾還會訓斥我無病呻吟。

你應該還要感謝她整個忍受了你這個丈夫。這女人是個英雌。對了，還有我妻子，我想感謝菲莉琶（Phillippa）的社交效用。

以及所有曾經花時間看過本書，並且向我們保證我們沒有犯顯著科學錯誤的專家：沙納漢、梅里特、康威—莫里斯、路易斯·達特尼爾（Lewis Dartnell）、約翰喬伊·麥克法登（Johnjoe McFadden）、伊葛門、布拉、崔西·琪威（Tracy Kivell）、大衛·唐（David Tong）。

對，如果你發現錯誤，怪他們就對了。

或者你可以怪大西洋出版社（Atlantic Books），尤其是為本書掌舵的麥克·哈普萊（Mike Harple）。

還要感謝我的經紀人派崔克·華許（Patrick Walsh）拖大西洋出版社下水。所以他應該也要負點責任吧？

滿合理的。我也想感謝我的經紀人卡洛琳·萊利（Caroline Ridley），她很有概念，知道讓我隨便來就對了。這對於我未來的計畫是個好預兆。而你不在我的計畫裡，邁可。

既然我們完成這本書了，你接著就會在所有社交網站上封鎖我吧？

我已經這麼做了。

名詞對照

麥特・戴蒙｜Matt Damon

斯基亞帕雷利登陸器｜Schiaparelli lander

《絕地救援》｜The Martian

新視野號｜New Horizons

雷利・史考特｜Ridley Scott

漢堡王｜Burger King

歐洲太空總署｜European Space Agency，ESA

禮炮七號｜Salyut 7

羅爾夫・馬克西米利安・西弗｜Rolf Maximilian Sievert

疊加態｜superposition state

侏羅紀公園

三角龍｜Triceratops

三疊紀｜Triassic Period

大西洋｜Atlantic Ocean

大海雀｜greatauk

大衛・佩尼｜David Penney

山姆・尼爾｜Sam Neil

中華龍鳥｜Sinosauropteryx

丹麥國立歷史博物館｜Denmark's Natural History Museum

夫蘭格爾島｜Wrangel Island

孔子鳥｜Confuciusornis

比爾・莫瑞｜Bill Murray

布魯斯・威利｜Bruce Willis

白尾次巢鼠｜lesserstick-nestrat

白堊紀｜Cretaceous Period

伊恩・麥坎｜Ian Malcolm

伏翼蝙蝠｜pipistrelle bat

共衍徵｜synapomorphy

印度刺蝟基因｜Indian Hedgehog

吉迪恩・曼特爾｜Gideon Mantell

安陽・布拉｜Anjan Bhullar

羽根節｜quill knob

似雞龍｜Gallimimus

庇里牛斯山羊｜Pyrenean ibex

更新世公園｜Pleistocene Park

李察・艾登保羅｜Richard Attenborough

辛辛那提動物園｜Cincinnati Zoo

迅猛龍｜Velociraptor

里奧哈龍屬｜Riojasaurus

亞歷山大・伐格斯｜Alexander Vargas

侏羅紀｜Jurassic Period

《侏羅紀公園》｜Jurassic Park

《侏羅紀世界》｜Jurassic World

始祖鳥｜Archaeopteryx

始盜龍屬｜Eoraptor

長毛犀牛｜woolly rhinoceros

長毛象｜woolly mammoth

阿漢・阿札諾夫 | Arhat Abzhanov

南非小斑馬 | quagga

紅色名錄 | Red List

胃育蛙 | gastric-brooding frog

剛瓦納大陸 | Gondwana

容恩・傑瑞米 | Ron Jeremy

旅鴿 | passenger pigeon

泰瑞・布朗 | Terry Brown

班尾鴿 | band-tailedpigeon

班胸草雀 | zebra-finch

留尼旺島巨龜 | Réunion giant tortoise

真黑色素小體 | eumelanosome

祖徵 | plesiomorphy

國際自然保護聯盟 | International
Union for Conservation of Nature

梁龍 | Diplodocus

混沌理論 | Chaostheory

荷歐・伯提歐 | Joâo Botelho

麥可・克萊頓 | Michael Crichton

麥可・道格拉斯 | Michael Douglas

傑夫・高布倫 | Jeff Goldblum

凱蒂・佩瑞 | Katy Perry

勞亞古陸 | Laurasia

喬治・喬區 | George Church

渡渡鳥 | dodo

猶他盜龍屬 | Utahraptor

猶加敦半島 | Yucatán Peninsula

象牙喙啄木鳥 | ivory-billed woodpecker

費歐娜・布魯斯 | Fiona Bruce

黑色素 | melanin

黑素體 | melanosome

嗜黑色素體 | phaeomelanosome

禽龍 | Iguanodon

詹姆士・狄恩 | James Dean

馳龍科 | Dromaeosaurs

赫氏近鳥龍 | Anchiornishuxleyi

劍龍 | Stegosaurus

墨西哥 | Mexico

摩頓・艾倫托夫 | Morten Allentoft

盤古大陸 | Pangea

鮑伯・派克 | Bob Peck

邁可・克勞利 | Michael Crowley

獸腳恐龍 | Deinonychus

獸腳類 | theropod

霸王龍 | T.rex

蘿拉・鄧恩 | Laura Dern

星際效應

人馬座* | SagittariusA*

山繆・傑克森 | Samuel L. Jackson

《六人行》 | Friends

《太空迷航》 | LostinSpace (1998)

月暈效應 | halo effect

卡爾・薩根｜Carl Sagan

史蒂芬・霍金｜Stephen Hawking

巨人｜Gargantua

伊薩克・牛頓爵士｜Sir Isaac Newton

因果動力三角形｜Causal Dynamical Triangulation

《地動天驚》｜Sphere (1998)

夸克｜quark

安佐・席倫提｜Vincenzo Cilenti

《早餐俱樂部》｜The Breakfast Club

米勒（星球）｜Planet Miller

艾瑪・湯普森｜Emma Thompson

吸積盤｜accretiondisc

扭子理論｜Twistor Theory

事件視界｜event horizon

亞瑟・艾丁頓爵士｜Sir Arthur Eddington

帕羅米洛號｜Palomino

弦論｜string theory

《星銀島》｜Treasure Planet (2002)

《星際效應》｜Interstellar

約翰・惠勒｜John Wheeler

約翰—皮耶・盧米涅｜Jean-Pierre Luminet

馬修・麥康納｜Matthew McConaughey

基普・索恩｜Kip Thorne

《接觸未來》｜Contact

莎朗・史東｜Sharon Stone

華蓋三｜V762 Cas

虛空空間｜empty space

超大質量黑洞｜super massive black hole

《黑洞》｜TheBlackHole(1979)

《黑洞追殺令》｜TheBlackHole (2006)

黑洞資訊悖論｜Black Hole Information Paradox

《愛的萬物論》｜The Theory of Everything

萬物論｜Theory of Everything

賈德・尼爾森｜Judd Nelson

達斯汀・霍夫曼｜Dustin Hoffman

雷射干涉儀重力波天文台｜Laser Interferometer Gravitational-wave Observatory，LIGO

緊緻化｜compactification

潮汐力｜tidal force

霍金輻射｜Hawking radiation

環圈量子重力｜Loop Quantum Gravity

薩布拉瑪亞・錢卓斯卡｜Subrahmanyan Chandrasekhar

蟲洞｜wormhole

決戰猩球

人亞科｜Homininae

回到未來

纏結 ｜ entanglement

28天毀滅倒數

《28天毀滅倒數》｜ 28 Days Later
人類免疫缺乏病毒 ｜ HIV
大衛・史奈德 ｜ David Schneider
小同伴 ｜ Sputnik
小兒麻痺病毒 ｜ polio virus
弓蟲 ｜ Toxoplasma gondii
丹尼・鮑伊 ｜ Danny Boyle
世界衛生組織 ｜ World Health Organization
主天花病毒 ｜ Variola major
巨大病毒 ｜ Megavirus
布拉福 ｜ Bradford
《未來總動員》｜ 12 Monkeys
《末日之戰》｜ World War Z
伊波拉 ｜ Ebola
《全境擴散》｜ Contagion
《危機總動員》｜ Outbreak
《安全密碼》｜ Safeword
次天花病毒 ｜ Variola minor
自然殺手細胞 ｜ natural killer cell
艾司坦─巴爾皰疹病毒 ｜ Epstein–Barr
艾米爾・柯卡羅 ｜ Emil Coccaro
《我是傳奇》｜ I Am Legend

抗逆轉濾病毒療法 ｜ antiretroviral therapies
披衣菌 ｜ chlamydia
威康信託基金會 ｜ Wellcome Trust
流行性感冒 ｜ influenza
珍奈・帕克 ｜ Janet Parker
娜歐蜜・哈瑞絲 ｜ Naomie Harris
席尼・墨菲 ｜ Cillian Murphy
皰疹 ｜ herpes
茲卡 ｜ Zika
陣發性暴怒疾患 ｜ intermittent explosive disorder
細胞介素 ｜ cytokines
通用核心基因組 ｜ universal core genome
黃熱病 ｜ yellow fever
媽媽病毒 ｜ Mamavirus
禽流感病毒 ｜ H5N1
綠藻病毒 ｜ chlorovirus
鼻病毒 ｜ rhinovirus
暴戾 ｜ Rage
擬菌病毒 ｜ Mimivirus
蟲草屬 ｜ Ophiocordyceps
霧化 ｜ aerosolization
嚴重急性呼吸道症候群 ｜ SARS
鹼基對 ｜ base pair

駭客任務

突破星擊計畫 | Breakthrough Starshot

約翰・赫特 | John Hurt

紅外線輻射 | infrared radiation

英國國家廣播公司 | BBC

原核生物 | prokaryotes

恩里科・費米 | Enrico Fermi

《班尼山秀》 | The Benny Hill Show

真核生物 | eukaryotes

航海家一號 1 | Voyager 1

起笑蛙 | The Crazy Frog

偏振 | polarization

匙吻鱘 | paddlefish

御夫座 α 星 | Capella

《救命下課鈴》 | Saved by the Bell

《笨傢伙》 | Blankety Blank

《異形》 | Alien

雪歌妮・薇佛 | Sigourney Weaver

麥可・法斯賓達 | Michael Fassbender

尋找外星智慧計畫 | SETI

費米悖論 | Fermi Paradox

《黑道家族》 | The Sopranos

獅子座 α 星 | Regulus

獅子座 β 星 | Denebola

〈跨越宇宙〉 | Across the Universe

雷利・史考特 | Ridley Scott

《舞動奇蹟》 | Come Dancing

《蒙提・派森的飛行馬戲團》 | Monty

Python's Flying Circus

《蓋酷家庭》 | Family Guy

銀河系 | galaxie

德瑞克方程式 | Drake's Equation

《稻草人古米澤》 | Worzel Gummidge

諾斯托洛莫號 | Nostromo

賽門・康威―莫里斯 | imon Conway-Morris

賽斯・蕭斯戴克 | Seth Shostak

趨同演化 | convergent evolution

織女星 | Vega

雙子座 β 星 | Pollux

鯨魚座 τ 星 | Tau CetiM

致謝

大西洋出版社 | Atlantic Books

大衛・伊葛門 | David Eagleman

大衛・唐 | David Tong

戈馬克・麥考利夫 | Cormac McAuliffe

卡洛琳・萊利 | Caroline Ridley

安陽・布拉 | Anjan Bhullar

艾沃爾・「凶手」・曼利 | Ivor 'Slayer' Manley

艾墨 | Emer

沃夫岡電台 | Radio Wolfgang

派崔克・華許 | Patrick Walsh

科姆・羅奇 | Colm Roche

約尼奧・麥克法登 | Johnjoe McFadden

崔西・琪威 | Tracy Kivell

莫里・沙納漢 | Murray Shanahan

麥克・哈普萊 | Mike Harple

麥斯・桑德森 | Max Sanderson

喬治・藍柏 | George Lamb

菲莉琶 | Phillippa

路易斯・達特尼爾 | Lewis Dartnell

漢娜・沃克—布朗 | Hana Walker-Brown

賽門・康威—莫里斯 | Simon Conway-Morris

羅恩・梅里特 | Ronald Mallett

國家圖書館出版品預行編目資料

科幻電影的預言與真實：人類命運的科學想像、思辯
與對話／瑞克‧艾德華斯（Rick Edwards）、邁可‧
布魯克斯（Michael Brooks）著；鍾沛君譯. -- 初版.
-- 臺北市：方言文化，2018.07
　面；公分
譯自 Science(ish) : the peculiar science behind
the movies

ISBN 978-986-96473-5-9（平裝）
1. 科學 2. 電影片 3. 通俗作品

307.9　　　　　　　　　　　　　　107009500

科幻電影的預言與真實

人類命運的科學想像、思辯與對話
Science(ish): The Peculiar Science Behind the Movies

作　　者	瑞克‧艾德華斯（Rick Edwards）、邁可‧布魯克斯（Michael Brooks）
內頁插圖	索菲‧理查森（Sophie Richardson）
譯　　者	鍾沛君

總 編 輯	鄭明禮
責任編輯	黃馨慧
業務經理	劉嘉怡
業務副理	古振興
行銷企劃	朱妍靜
會計行政	蘇心怡、林子文

封面設計	萬勝安
內文設計	吳怡嫻

出版發行	方言文化出版事業有限公司
劃撥帳號	50041064
電話/傳真	（02）2370-2798 ／（02）2370-2766

定　　價	新台幣 420 元，港幣定價 140 元
初版一刷	2018 年 7 月 4 日
Ｉ Ｓ Ｂ Ｎ	978-986-96473-5-9

Science(ish): The Peculiar Science Behind the Movies
Copyright © Rick Edwards and Michael Brooks 2017
This edition arranged with PEW Literary Agency Limited acting jointly with
C+W (Conville & Walsh Limited)
through Andrew Nurnberg Associates International Limited

Complex Chinese Translation copyright © 2018 by Babel Publishing Company

方言文化